村镇住宅电气防火技术指南

李炎锋　蒋慧灵　主编

中国计划出版社

图书在版编目（CIP）数据

村镇住宅电气防火技术指南 / 李炎锋，蒋慧灵主编
. -- 北京 : 中国计划出版社，2016.4
ISBN 978-7-5182-0364-2

Ⅰ. ①村… Ⅱ. ①李… ②蒋… Ⅲ. ①农村住宅-房屋建筑设备-电气设备-防火-指南 Ⅳ. ①TU892-62

中国版本图书馆CIP数据核字(2016)第038213号

村镇住宅电气防火技术指南
李炎锋　蒋慧灵　主编

中国计划出版社出版
网址：www. jhpress. com
地址：北京市西城区木樨地北里甲 11 号国宏大厦 C 座 3 层
邮政编码：100038　电话：（010）63906433（发行部）
新华书店北京发行所发行
北京市科星印刷有限责任公司印刷

850mm×1168mm　1/32　5. 75 印张　163 千字
2016 年 4 月第 1 版　2016 年 4 月第 1 次印刷
印数 1—3000 册

ISBN 978-7-5182-0364-2
定价：18. 00 元

前　言

长期以来，由于我国处于二元经济结构状态，导致村镇建筑电气防火设计水平较低。随着我国经济水平的不断提高和国家新型城镇化规划（2014～2020年）的出台，将逐步打破城乡二元结构，实现城乡发展一体化。目前，村镇经济得到高速发展，村镇居民的生活水平有了很大改善。很多地区具备了进行大量新建或改造村镇基础设施的经济实力，在新建或改造的过程中，若能同时考虑建筑电气防火功能的提高，将有助于提高村镇住宅防火安全的整体水平，减少生命和财产损失。

农村因电气引起的火灾在总火灾数量中占有较大比重，而相比于其他原因引起的火灾，建筑电气火灾更易于防范。建筑电气防火方面的消防投入产出比高，经济效益好。因此，在村镇新建或改造建筑的设计过程中，应根据当地的经济水平，采取适当的电气消防安全措施，做到用电安全可靠、经济合理、有利生产、方便生活。

本指南的完成得益于“十二五”村镇建设领域国家科技计划课题——村镇火灾综合防治关键技术研究与开发（2014BAL05B00）项目“村镇综合防灾减灾关键技术研究与示范（2014BAL05B04）”的子课题“提升村镇建筑防火及灭火能力的技术及设施研究（2014BAL05B04－3）”。本指南是在大量调研的基础上，将现有的电气防火安全设计方法与村镇电气火灾的规律和特点相结合，从村镇住宅低压供配电系统设计、村镇住宅供配电线路敷设与布置、村镇住宅常见家用电器选择与布置、村镇电气防火技术方法和管理措施等几个方面介绍了村镇住宅电气防火技术，同时提供了典型住宅电气防火设计图，使用者可以选用指南中的技术方法和样图，以提高建筑电气防火安全性能。本书可以为广大农村地区实施建筑电气防火技术改造或者新设计住宅进行建筑电气设计提供指导。

本指南由北京工业大学李炎锋教授、中国人民武装警察部队学院蒋慧灵教授负责组织编写并统稿，王允、褚利为、王文博、李杰、彭开文、吴剑付等参与了部分章节的编写工作。

由于编者水平有限，书中难免会有一些疏漏和不尽人意的地方，敬请读者提出宝贵意见。

目　录

目 录

第一章　村镇住宅电气防火现状

电气火灾是由于电气方面的原因产生火源而引起的火灾，是电气线路，用电设备、器具以及供配电设备出现故障性释放的热能，是由于非正常的原因，在电能转化为热能的过程中因引燃可燃物而导致的火灾，如电热器具的炽热表面。电气火灾的火源主要有两种形式，一种是电火花与电弧，另一种是电气设备或线路上产生的危险高温。近年来，随着农村用电量的激增，电气火灾呈现高发的趋势，给人们的生活带来巨大的损失。

第一节　村镇住宅电气火灾的特点

电气火灾的特点就是火灾隐患的分布性、持续性和隐蔽性。电气线路通常敷设在隐蔽处，由于长期持续运行，火灾初期不易被发现，肉眼观察不到，当用电负荷增大时，容易因过电流而造成电气火灾。当人群疏散困难、排烟不畅时，造成的人员伤亡、财产损失和社会影响都是巨大的。

一、从宏观方面来看，电气火灾特点有季节性、地域性和时段性

1. 村镇电气火灾具有季节性

村镇火灾在夏季、冬季多发易发，夏天用电负荷急剧增加，电气线路或电器由于电流过大产生高温，同时气温又高，温度不易散发出去，而使用功率较大的电器，或者用电量过大，容易导致线路接头等发热着火或短路打火，从而引发火灾，另外，夏季雷雨天气多发，因雷电引发的火灾也会增加。冬季雨雪及大风对线路影响很大，架空线受大雪、大风影响容易发生杆倒、线断事故，电线互碰

放电引发火灾。

2. 村镇电气火灾具有地域性

我国幅员辽阔，各地气候不同、民族各异、建筑结构相差很大，经济发展不平衡，所以村镇电气火灾具有一定的地域性。首先，因地处西南的贵州云南等地的房屋多以竹木结构为主，房间火灾荷载较大，房屋间的防火间距很小，而华北、东北地区村镇房屋多为砖混、砖木结构，建筑耐火等级相对较高，所以该地区村镇的电气火灾较之华北、东北地区村镇多发。另外，经济较发达的沿海地区的电气火灾发生起数比内地经济较落后地区多。

3. 村镇电气火灾具有时段性

电气火灾 24 小时内的发生频率有明显的规律性：0～4 时为第一个高峰，10～14 时为第二个高峰，18～22 时为第三个高峰。重大电气火灾的分布情况也符合以上规律。

二、从微观角度来看，电气火灾特点有隐蔽性、突发性、易蔓延性、易带电性和不易扑救

1. 村镇电气火灾具有隐蔽性

电气设备本身就是一个电热源，在其规定的条件下不会引发火灾，而电气火灾从隐患（热故障）的存在到火灾的发生是一个过程，具有一定时间的潜伏期。

2. 村镇电气火灾具有突发性

所谓突发性是指电气火灾发生的条件，即电热源、可燃物、通风三个燃烧要素的组合，这种组合具有一定的概率性。

3. 村镇电气火灾具有易蔓延性

着火后烟雾和火焰会沿着电线电缆绝缘线路的路径，导管、槽盒穿墙和楼板上的洞口，灯具安装破坏天花板留下的孔洞，并向水平方向和垂直方向蔓延。

4. 村镇电气火灾具有易带电性

电气火灾发生后，线路绝缘烧损、破坏，现场电线可能纵横交

错，由于水渍漏电而电线线路极有可能没有断电使线路还带电，情急之下如果用水进行灭火，极有可能出现触电伤害，加大人身伤害和经济损失。

5. 村镇电气火灾扑救困难

电气设备起火时，火势蔓延迅速，燃烧的范围大，发烟量比较大，不容易扑救，电气设备或导线的绝缘材料大部分是可燃物质，燃烧时浓烟滚滚，火场能见度比较低，给人员疏散、火灾的扑救也带来极大的困难。

第二节　村镇住宅电气火灾危险性分析

一、村镇住宅电气火灾的规律

以贵州省为例，根据2007~2013年的数据统计，农村因电气引起的火灾占总火灾起数的34.9%，并且村镇电气火灾具有明显的季节性，在夏季、冬季多发、易发；同时，村镇电气火灾具有时段性，电气火灾24小时内的发生频率有明显的规律性：0~4时为第一个高峰，10~14时为第二个高峰，18~22时为第三个高峰。

二、村镇住宅电气火灾的成因

电气火灾发生的原因有很多种，直接原因有过载、静电、短路、接触不良、电弧火花、电气设备安装使用不当等，还有人为因素造成的，比如疏忽大意、违规操作等，主要分为以下几个方面：

（一）电气线路问题

从电气火灾的统计数据来看，电气线路火灾占到了电气火灾的50%甚至更多。电气线路引发火灾的主要原因包括：电气线路设计截面偏小，载流量小，随着各种家用电器及电气设备的普及，用电量不断提高，导致电气线路超负荷运行，缩短了电气线路的使用寿命；老式建筑中配电设施的老化、磨损、开裂及其电线电缆绝缘性能的下降等；重新装修的建筑中，旧的线路没有完全清除，有的甚至处于带电状态。以西南农村地区为例，各村寨正在进行全面的电气线路改造，国家也投入了大量的资金，但由于西南农村数量大、分布广以及资金拨发迟缓、交通状况极差等问题，电气线路的改造大多只进行到户外部分，户外的电度表基本更换完毕，改造过的线路全部使用铝线。村寨中的电度表全部设于室外，有金属外壳的防水保护，个别电表箱腐蚀较为严重，需要及时更换。电气线路改造更换的电度表规格各不相同，存在极少数电表的使用最大额定电流不能满足室内使用电器负荷要求的现象，使用负荷若超过其电表最大承载量易使电度表发生损毁。

户外线路在电度表连接入户线路处，存在穿管偷工减料的现象，入户线直接穿过农户房屋的木质墙壁，孔洞处没有防护封堵措施，若在此处发生故障而引发火灾，会对户内人员、财产造成很大的威胁。户外的线路虽然已经基本更换完毕，但仍遗留部分老旧线路没有进行及时清理，这些线路部分还连接着相线，很容易发生触电造成危险。另外，由于地形限制，架空线路与建筑物和树木之间距离很小，线路的机械强度不足，很容易发生短路，引发火灾。

1. 电气线路老化严重

电气绝缘老化是一种正常现象，线路老化程度会受周围环境的影响。线路绝缘材料老化有着一定的火灾隐患，绝缘老化会引起漏电电流增加，导致电气设备、导线温度过高，形成火源。当绝缘材料严重老化时，电气线路很容易被击穿，造成交流相间短路、相线对地短路或直流电路的极间短路。一旦短路，通过导线的电流非常大，而导线的放热与电流的平方成正比，线路温度急剧上升，从短路点到电源都是高温释放源，遇可燃物就会引发火灾。西南地区的农村有的已经建寨达百年之久，相应的，一些住户中使用线路的时间就会超出一定年限。在调研的 73 户农户中，电气线路使用超过 10 年的住户占 31.5%，具体数据如图 1－1 所示。

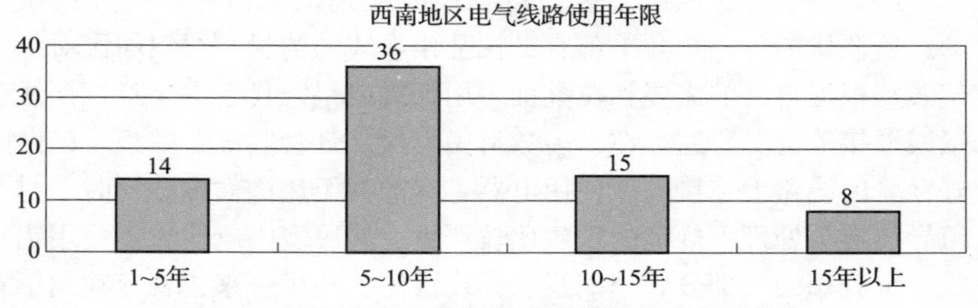

图 1－1　西南地区调研住户电气线路使用年数分布

电气线路在相对洁净的环境中可使用 10 年左右，但西南地区温度、湿度相对较高，农户中环境恶劣，线路上布满油渍和蛛网，加速了电气线路的老化程度。农民的电气防火意识差，线路绝缘老化、损坏却不知道及时更换，火灾隐患相对较高，发生火灾的风险较大。

2. 电气线路私拉乱接现象严重，导线接头的处理不规范

导体连接时，在接触面上形成的电阻称为接触电阻。导线接头是电气线路最薄弱的环节，常常是发生故障的地方。接头处理良好，则接触电阻小；连接不牢、松脱或其他原因使接头接触不良，则会导致局部接触电阻过大，产生高温，使接头过热而烧毁，使金属变色甚至熔化，还可能产生火花引起绝缘材料中可燃物燃烧，严重的会酿成火灾和触电事故。主要原因是：安装质量差，造成导线与导线、导线与电气设备连接点连接不牢；导线的连接处沾有杂质，如氧化层、泥土、油污等；连接点由于长期震动或冷热变化，接头松动；铜铝混接时，因有一定电位差的存在，潮湿时会发生电解作用，使铝腐蚀，造成接触不良等。这些原因使得接头处局部过热，金属变色甚至熔化等，并能引起绝缘材料、可燃物质的燃烧，并使附近电线上的粉尘、纤维等物质燃烧起来，引起火灾。因此，接头务必牢靠、紧密，接头的机械强度不应小于原导线机械强度的 80%，接头的绝缘强度不应低于导线的绝缘强度，应尽可能减少导线的接头，接头过多的导线不宜使用。对于可移动线路的接头，更应特别注意。

经调研统计，西南地区农村私拉乱接现象是极为普遍和严重的，所调研的每一户几乎都有私拉乱接电线的情况，村镇居民对电气线路根据自己的需要私拉乱扯、用铜线或铝线代替保险丝、铜线铝线混接等情况普遍存在，多数村民直接从灯管底部、插板、已做好穿管的线路上连接电线使用电器，有的甚至违法偷电。同时，村镇导线接头处理不规范的现象比较严重，居民室内电线大多使用铝线，也有相当一部分农户铜线、铝线混用，这样一来，就存在铜铝连接的现象，如没有采用铜铝过渡接线端子，经过一段时间使用之后，就很容易松动。松动原因如下：铜铝导线直接连接的时候，在铜铝连接处有电位差，会发生电解作用，使导体腐蚀，导致接触不良，接触电阻增大，接头部位温度升高，严重时使接头熔化，引起附近易燃物、可燃物起火。有的居民还未使用绝缘胶带，直接使用普通的胶带进行连接，这样极易发生触电或引发火灾，如图 1－2 所示。

图 1－2　私拉乱接的电线

3. 电气线路截面小，超负荷运行严重

超负荷即过载，是指在使用电气设备时，设备和导线超过其最大额定承载值。近几年经济飞速发展，家用大功率电器设备不断增加，比如电磁炉、空调、电暖气等，而电气线路没有进行相应的改造，户内大多随意增添负荷、装填导线，使设备和线路长期处于带病运行状态，而线路中接入过多的或功率过大的电器设备，极易引发电气火灾事故。一般规定导线工作的最高温度为65℃，这时导线中的电流为安全电流，超过这个电流为线路超负荷。长期超负荷使用可以使导线绝缘层老化、与导线相邻的易燃物起火。如果长时间过载，会造成设备损坏，引起火灾和爆炸等重大事故。

在调研中发现，各村户中使用的电气线路品牌鱼龙混杂，导线截面各异，入户线一侧采用的全部都是铝芯线，截面在4～6mm²不等，为各地电业局电改时统一更换。进户后，住户内采用的大多为1.5mm²的铝线，稍微富裕一点的农户也会使用铜线。而《住宅设计规范》GB 50096—2011 第8.7.2条第2款明确要求："电气线路应该用符合安全和防火要求的敷设方式配线，套内的电气管线应采用穿管暗敷设方式配线。导线应采用铜芯绝缘线，每套住宅进户线截面不应小于10mm²，分支回路截面不应小于2.5mm²"。很显然，实际情况与国家标准还有一定差距。以西南地区农村为例，取73所农户中的可见用电设备为样本进行了统计(无照明设备负荷)，户内用电负荷散点图如图1－3所示。

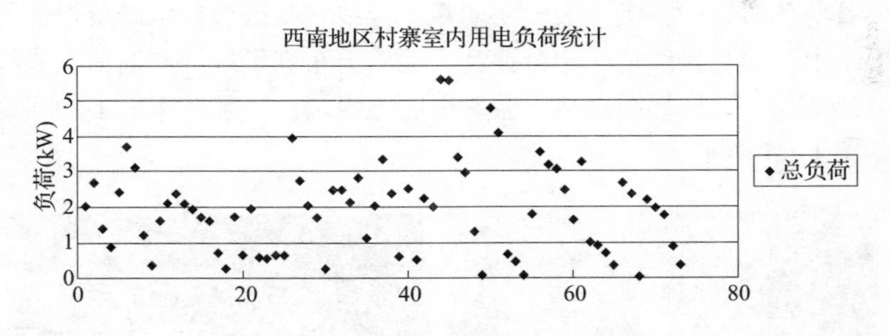

图1－3　西南地区室内用电负荷统计

从图中可以看出，所调研的73所农户平均用电负荷为1.91kW，最大用电负荷为5.6kW，最低用电负荷为0.06kW，用电负荷差异还是比较大的。每户的用电计算负荷电流 I_j 可由电压及室内使用负荷功率计算得到：

$$I_j = \frac{P}{U \times \cos\varphi} \qquad (1-1)$$

式中：P——室内单相用电设备的总功率，W；

U——用电设备的额定相电压，取220V；

$\cos\varphi$——功率因子，取0.9。

在用户使用的电气线路中，我们需要保证导线的允许载流量I_{ux}大于计算负荷电流I_j，即满足电气线路使用要求：

$$I_{ux} \geqslant I_j \tag{1-2}$$

聚氯乙烯绝缘导线在常温下明敷的载流量查表可知为18A，通过计算电气线路，超过电气线路最大载流量的用户占调研总数的9.6%，但这只是理论计算值，其中仍包含大量导线截面不足、线路老化的现象，线路最大载流量低，各户内的电气线路超过其能承受的负荷值，线路极容易发生过载，造成危险。

4. 电气线路明敷时直接与可燃材料接触

广西壮族自治区村寨的户内线路基本上都做了穿管保护，大部分线路没有把电线直接敷设在木质的墙壁上，这样保证了当线路发生问题时，不会直接引燃可燃物，提高了安全性。但所调研的云贵两省的各村寨中，大多数线路明敷，导线直接敷设在木墙或垫铺的报纸上，而且接线情况十分混乱，线路上布满了蛛网和油渍，导线散热减少，这样导线发热很容易引燃绝缘层。明敷在木墙上的线路如图1-4所示。

图1-4　穿管敷设线路和未作保护的线路

西南村寨大量明敷老化线路的线芯裸露容易发生金属性及电弧性短路，使回路内电流突增产生高温引燃房屋酿成火灾。

（二）配电系统问题

1. 配电系统缺乏保护，电气接地系统存在接地形式不当或缺失

从调研的结果来看，调研村落的进户线全部都只有两根线，即相线和 PEN 线，而部分 PEN 线入户后并没有分为 PE 线和 N 线，导致剩余电流动作保护电器不能使用。农村地区一般使用 TN－C 接地系统，但大多数接地系统废置，起不到任何保护作用。农户家内的许多金属外壳电器只连接了相线和零线，没有连接接地线。若电源的零线断开或者火线与零线接反，其用电器外壳也将会带有与电源相同的电压，人一旦接触构成回路，就会导致触电现象的发生，如图 1－5 所示。

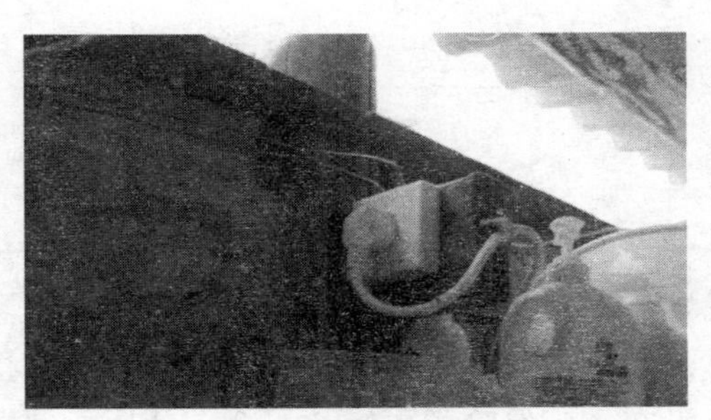

图 1－5　危险的金属外壳接线

在住宅电气设计中为确保电气设备和人身安全务必做好用电系统的接地保护。《住宅设计规范》GB 50096—2011 第 8.7.2 条第 1 款要求："住宅供电系统的设计，应采用 TT、TN－C－S 或 TN－S 接地方式、并应进行总等电位联结"。从保护人身安全、防止火灾出发，着眼于未来，在规划中，新民居宜采用 TN－C－S 和 TN－S 系统。

2. 配电设备的安装

实地调查中发现，许多农户家中的配电设备如刀闸开关、电度表，以及断路器等均安装在可燃的木质墙壁上，刀闸开关通、断时

会产生电弧，容易引发火灾。更有甚者，有的农户因为剩余电流动作保护电器经常动作而将其短接。

3. 保护电器的使用

入户开关是入户电气线路的第一道安全屏障，是使用线路的总开关，对整体电路起到保护和开断的作用。依据规范，每幢住宅的总电源进线断路器应具有漏电保护功能，所以，在进户线处应该使用带有剩余电流动作保护的断路器。调查中发现，各村寨各房屋电气线路入户时采用的刀闸开关情况各不相同，经改造过的住户都安装了空气开关，也有的采用漏电保护器和刀闸开关的组合，但单独使用没有灭弧功能刀闸开关的占比重较大，占调查总数的43.8%（刀闸开关没有消弧功能，安全性能差，属于已淘汰产品）。入户开关具体使用情况如表1－1所示。

表1－1 住户入户开关使用情况

开关组合种类	刀闸开关	刀闸开关＋空气开关	空气开关	空气开关＋漏电保护器
户数	32	15	19	1

调查中发现，农户中刀闸开关的损坏较为严重，裸导线直接暴露使用。通过询问，村民更换保险丝也十分随意，直接用普通的电线进行替换，没有使用保险丝更换的概念，使用的刀闸开关无法起到过载保护的作用，户内发生过载时，无法从入户总线处切断，存在严重的电气火灾隐患。入户开关情况如图1－6所示。

图1－6 破损较为严重及乱拉线的刀闸开关

（三）插板、插座相关问题

1. 潮湿部位无防潮措施

从调查情况来看，某些农户家卫生间插座的位置离水龙头很近却没有任何保护措施，而插座也是普通插座，没有安装防溅水的保护罩，潮湿环境的插座缺乏必要的防护。当有水溅进插座里时，可能导致短路引发火灾，还有可能造成人身电击的危险，如图 1－7 所示。

图 1－7　无防潮措施的插座

2. 劣质插线板连接设备过多，存在严重过载问题

农村用户在同一个插板上经常连接多个大功率用电器，当这些大功率用电器同时使用时，会导致电气线路过负荷，使导线过热、插线板烧损酿成火灾，如图 1－8 所示。

图 1－8　劣质插线板连接多个大功率用电器

在农村用户中使用劣质插线板也是司空见惯，很多插线板是村民用很细的铝线自制的。这些劣质插线板的线芯很细，电阻大，电流通过时发热明显。农户用这样的插线板同时连接使用电磁炉、电饭锅这样的大功率用电器时，通过插线板的电流很大，易引发火灾。同时，部分厂家在利益的诱惑下，冒着违法犯罪的危险生产销售一些假冒伪劣的电气产品，销往广大的农村地区，如劣质的电线、电缆、插座、开关等，这些产品价格相对便宜，广大村民往往为了贪图小利而置自身安全于险境。

(四) 家用电器问题

随着我国经济的发展，各种各样的家用电器产品进入了市场，为人们生活带来了极大的便利。而在使用家用电器的过程中，会出现各种问题，最主要的就是家用电器的安装位置不当及使用不当两种情况。

1. 家用电器的安装位置不当

在进行家用电器的安装时，人们总是过多地考虑整体美观效果或使用方便而忽略安全因素。此次调研，笔者发现农户对家用电器的各种不规范安装给家庭用电的安全埋下了隐患。如插座的位置靠近可燃物，从实际调研情况来看，很多农户家的插座安装在靠近窗体的地方，而这些地方基本上都安装了窗帘，在家用电器的使用过程中，插座可能会因为接触不良等原因引燃窗帘而导致火灾。大多家用电器在运行过程中会产生大量的热量，将家用电器放置在可燃物附近增大了火灾发生的概率。

2. 家用电器的使用不当

由于对家用电器性能及其安全性不了解、消防安全意识淡薄，因家用电器使用不当引起的火灾也是很多的。通过走访发现家用电器使用不当引发火灾，主要有如下几种情形：

(1) 人的疏忽。电气设备在通电状况下会发热，利于其发热原理，人们制造了电熨斗、电吹风、电炉等家电，然而对这些家电使用不慎时，容易形成火灾。人们在使用家用电器时常会因为各种原因忘记正在使用的电器，使得家用电器长时间加热引发火灾，如在使用电熨斗熨衣服时因其他原因而忘记将电熨斗拿开，长时间加热导致火灾事故，使用“热得快”烧水也会有类似的事故发生。

（2）使用不当。人们在使用家用电器时，经常会忽略其操作的安全性，如使用电炉烧水，水开了溢出而没有及时切断电源造成短路而引起火灾，在使用电火锅时，也会出现失误溢出而造成短路引发火灾事故。

（3）维修问题。当家用电器出现问题时，有些农户图省钱自行修理或找一些非专业人员维修，都可能会对家用电器的安全性能造成极大的伤害。

（4）散热不良。一些农户为求家用电器的使用方便或干净，会给电视等家用电器安装一个专门的木制柜体或覆盖一层布套，调研发现，73 户中 32% 使用了布套，8% 使用了木制柜体。这两种行为都会使得电器内部热量散发不出去，长期如此会使绝缘加速老化，从而埋下火灾隐患。

（5）电气设备绝缘损坏，发生漏电。电气设备绝缘的缺陷分为两类：一类是整体性缺陷，如绝缘老化、变质、受潮和脏污等使绝缘性能完全下降；另一类是局部缺陷，如绝缘局部受损、受潮和脏污等使绝缘性能下降。电气设备还经常因温度、气压、气温的变化对绝缘产生影响，使绝缘材料的性能与结构发生变化，降低绝缘的电气和机械性能。当电气线路损伤，或绝缘导线由于高温、潮湿、摩擦、过电压、机械损坏等原因造成绝缘损伤时，漏电电流将会通过设备外壳、保护接零线（保护接地线）、零线（大地）等形成闭合回路，在一定的环境下，对靠近物质（穿线金属管、电气装置金属外壳、潮湿木材等）产生漏电，漏电可使局部物质带电，造成严重或致命的触电事故或产生火花、电弧、过热、高温等而造成火灾。在电气火灾中，漏电火灾比起短路等引起的火灾更具隐蔽性，失火后也难找出真正的原因（被短路等假象所掩盖），因此危害性也就更大。

（五）其他原因

1. 家用电器在电压不稳的情况下工作

在一些偏僻地方的用电高峰期，屋内的电灯会出现忽明忽暗的情况。当家用电器消耗功率一定，而电压偏低时，通过家用电器的电流就会产生大量的热，加速家用电器绝缘老化；而在夜间用电低谷时，电压又会偏高，长此以往会加速绝缘老化，二者都不利于家用电器的安全运行。

2. 雷电方面的原因

绝大多数供电系统低压侧无防雷措施，以我国西南地区农村为例，该地区属于亚热带雨林气候，常年多雨，同时也会伴随大量雷击现象的出现。对于电力系统，雷击会损坏配电变压器，甚至导致大面积的停电事故，直接影响农业生产和人民的正常生活。在调研中，查询了西南几个地区的年平均雷暴日，如表 1－2 所示。

表 1－2　西南几个地区年平均雷暴日

地　　区	柳州市	黔南地区	勐腊
年平均雷暴日（次/年）	67.3	67.5	111.5

可见，所调研的西南地区年平均雷暴日均超过了 40 天，均属于多雷区。所调研的西南各村寨配电变压器仅在高压侧装设避雷器，低压侧没有采取防雷措施。雷击不但会危害线路本身，而且雷击引起的暂态高电压或过电压可以通过网络线路耦合或转移到配电网中的设备上，造成设备损坏，击穿绝缘，发生伤人事故或火灾。例如，农户在安装天线时，如没有采取相应的防雷保护措施，一旦雷电波侵入，强大的雷电流会造成线路烧毁、家用电器损坏，危及人身安全，引发火灾。

（六）村镇群众整体电气火灾防范意识不强

由于村镇群众的受教育程度不高，火灾的忧患意识不强，对火灾的发生存在很大的侥幸心理，认为与自己没有太大关系，导致对电气火灾的防范意识不强烈。此外，村镇地区的消防宣传教育严重缺乏，即便部分地方开展消防宣传教育也仅仅流于形式，群众的认同度不高，无法在群众的内心形成对火灾的敬畏感。大家的普遍不重视是农村电气火灾高发多发的一个重要原因。

第二章　村镇住宅低压供配电系统设计

电气线路过载、电气线路绝缘损坏及保护装置选用不当等都是村镇住宅发生电气火灾的主要原因，因此，合理设计村镇住宅低压供配电系统尤为重要。

第一节　村镇住宅供配电系统组成

一、村镇地区电力网的组成

村镇地区电力网由不同电压等级的电力线路和升压变电所、降压变电所等组成。根据村镇地区用电来源的不同，村镇地区电力网可以分为自建小型发电厂的方式和电力系统供电的方式两种。

1. 村镇地区自建小型发电厂的方式

我国村镇地区地域宽广，根据各自不同的地域特点，其自建的小型发电厂类型也各不相同，有小型水电站、柴油发电机组、小型火电厂、风力发电站、沼气发电站、地热发电站等形式。村镇地区自建小型发电厂可以为附近的乡村和城镇用户提供电能。当发电厂离电能用户较远时，为降低输电线路上的损耗，需要设置升压变电所升压后再输送，在用户侧还要设置降压变电所降压后使用。

2. 电力系统供电的方式

在城市附近或大电力系统经过的地方，村镇地区电力用户可以直接从大电力系统取电。我国大部分村镇地区都是采用这种方式供电的。

二、村镇地区低压基本供电模式

村镇地区住宅建筑负荷均为低压负荷，因此，只介绍村镇地区低压基本供电模式。

低压供电模式是电压等级为400V及以下电网（包括配电变压器）的供电模式，主要内容包括供电制式、10kV、配电变压器、低压线路、无功补偿、计量、供用电安全等。其中，供电制式是指低压供电制式；10kV包括配电变压器进线方式；配电变压器包括配电变压器安装方式；低压线路包括线路选型和低压线路结构；无功补偿包括配电变压器低压侧无功补偿、线路无功补偿和用户侧无功补偿；计量包括配电变压器计量、电表箱和接户线；供用电安全包括漏电保护装置配置和电力设施防护。

根据村镇地区负荷结构、造价成本和供电可靠性等方面的不同要求，可以按照低压供电模式中所包含主要内容的不同形式组合出很多的低压供电模式，在此只介绍7种村镇地区低压基本供电模式。

（一）电缆+箱式变电站/配电室+环网供电模式

1. 模式特征

该供电模式是全绝缘化的供电模式，可靠性高，设备配置较高，主要特征为：采用三相四线供电制式；配电变压器安装方式为配电室或箱式变电站；低压导线采用电缆；低压线路为环式结构。

2. 系统组成

配电变压器的10kV进线可视条件和对可靠性的要求选择从公用辐射线路或环网线路引入或采用双回进线，推荐采用从公用环网线路引入或采用双回进线。采用在配电变压器低压侧自动无功补偿方式，补偿容量取为配电变压器容量的15%～30%。配电变压器计量采用负控装置，接户线（分接箱至户表）采用二芯电缆（向一户单相用户供电）或四芯电缆（向多户或三相用户供电）。采用剩余电流动作保护器，可采用二级或三级保护，总保护装于配电变压器低压侧。该模式的系统结构如图2－1所示。

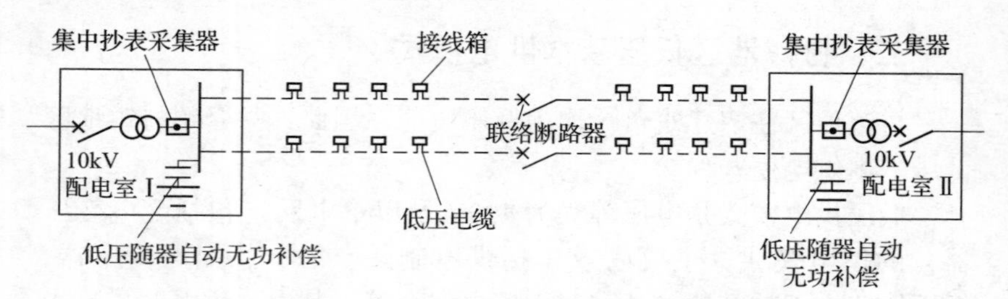

图2－1 电缆＋箱式变电站/配电室＋环网模式结构示意图

3. 适用范围

该模式是低压基本供电模式中建设标准最高的模式，该模式适用于低压供电区域，这部分区域用户高度密集或重要用户较多，对供电可靠性要求高；周围建筑标准较高，对环境有特殊要求；供电区域需两台及以上配电变压器供电；负荷分布较为集中。一般为人均年生活用电量较大的居住区、发达休闲旅游区等对环境和可靠性要求都较高的区域。

（二）电缆＋箱式变电站/配电室＋放射供电模式

1. 模式特征

该供电模式是全绝缘化的供电模式，可靠性较高，设备配置较高，主要特征为：采用三相四线供电制式；配电变压器安装方式为配电室或箱式变电站；低压导线采用电缆；低压线路为放射结构。

2. 系统组成

配电变压器的10kV进线可视条件和对可靠性的要求选择从公用辐射线路或环网线路引入或采用双回进线。采用在配电变压器低压侧自动无功补偿方式，补偿容量取为配电变压器容量的15%～30%。配电变压器计量采用负控装置，接户线（分接箱至户表）采用二芯电缆（向一户单相用户供电）或四芯电缆（向多户或三相用户供电）。采用剩余电流动作保护器，可采用二级或三级保护，总保护装于配电变压器低压侧。该模式的系统结构如图2－2所示。

3. 适用范围

该模式是低压基本供电模式中建设标准较高的模式，该模式适用于低压供电区域，这部分区域周围建筑标准较高，对环境有特殊要求；负荷分布较为集中。一般为人均年生活用电量较大的建设标准较高的多层或联排居住区、工商混住区、特色休闲旅游区等对环境要求较高的区域。

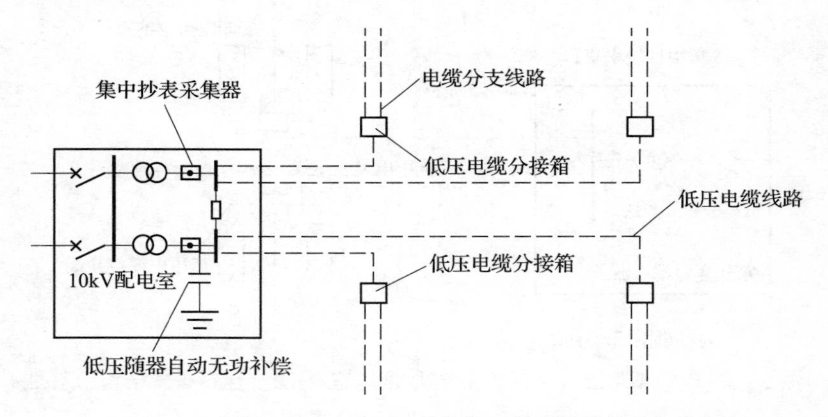

图 2－2　电缆＋箱式变电站/配电室＋放射模式结构示意图

（三）电缆架空混合＋箱式变电站/配电室/柱上变压器供电模式

1. 模式特征

该供电模式是全绝缘化的供电模式，主要特征为：采用三相四线供电制式；配电变压器可视情况选择箱式变电站或配电室或柱上变压器；低压导线采用电缆和架空混合方式，在对环境有要求的区段采用电缆，没有特殊要求的区段则采用一般架空绝缘线或集束绝缘线；低压线路为放射结构。

2. 系统组成

配电变压器的10kV进线可视条件和对可靠性的要求选择从公用辐射线路或环网线路引入，推荐采用从公用环网线路引入。采用在配电变压器低压侧自动无功补偿方式，补偿容量取为配电变压器容量的15%～25%。配电变压器计量采用负控装置或综合测控仪，向一户单相用户供电时接户线采用二芯绝缘线，向多户或三相用户供电时接户线采用三相四线绝缘线或四芯集束导线。采用剩余电流动作保护器，可采用二级或三级保护，总保护装于配电变压器低压侧。该模式的系统结构如图 2－3 所示。

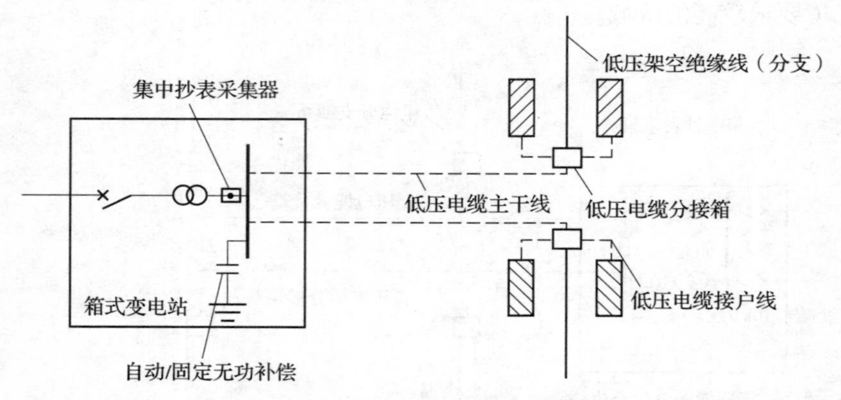

图 2－3　电缆架空混合＋箱式变电站/配电室/柱上变压器模式结构示意图

3. 适用范围

该模式是低压基本供电模式中建设标准适中的模式，要求与环境协调，该模式适用于低压供电区域，部分区域对环境有特殊要求；负荷分布较为集中；适用于局部对环境有要求的居住区、工商混住区等一般性区域。

（四）架空绝缘线＋柱上变压器/箱式变电站供电模式

1. 模式特征

该供电模式是全绝缘化的供电模式，主要特征为：采用三相四线供电制式；配电变压器可视情况选择柱上变压器或箱式变电站；低压导线采用一般架空绝缘线或集束绝缘线，或者两者混合；低压线路为放射结构。

2. 系统组成

配电变压器的 10kV 进线可视条件和对可靠性的要求选择从公用辐射线路或环网线路引入。采用在配电变压器低压侧固定无功补偿或自动无功补偿方式，补偿容量取为配电变压器容量的 15% ～

25%。配电变压器计量采用综合测控仪或计量箱，向一户单相用户供电时接户线采用二芯绝缘线，向多户或三相用户供电时接户线采用三相四线绝缘线或四芯集束导线。采用剩余电流动作保护器，可采用二级或三级保护，总保护装于配电变压器低压侧。该模式的系统结构如图 2-4 所示。

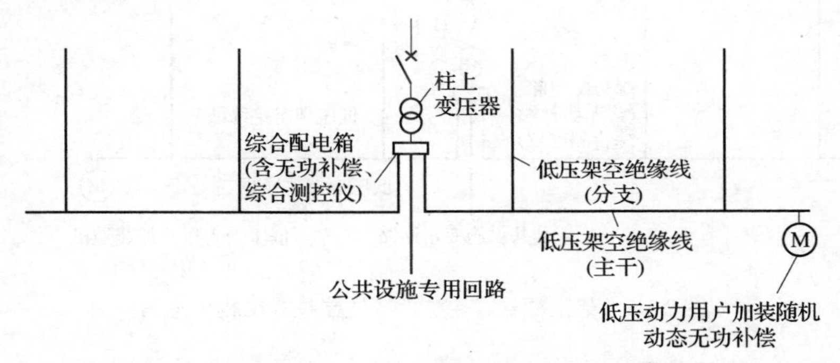

图 2-4　架空绝缘线 + 柱上变压器/箱式变电站模式结构示意图

3. 适用范围

该模式是低压基本供电模式中应用最广泛的模式，该模式适用于低压供电区域，这部分区域对环境没有特殊要求；负荷分布较为集中；适用于对环境没有特殊要求的居住区、工商混住区等一般性区域。

（五）架空裸导线（接户线和进户线为绝缘线）+柱上变压器供电模式

1. 模式特征

该模式的主要特征为：采用三相四线供电制式；配电变压器采用柱上变压器；低压主干线采用裸导线，分支线推荐采用绝缘线；低压线路为放射结构。

2. 系统组成

配电变压器的 10kV 进线从公用辐射线路引入。采用在配电变压器低压侧固定无功补偿方式，补偿容量取为配电变压器容量的 15%～25%。配电变压器计量采用计量箱，向一户单相用户供电时接户线采用二芯绝缘线，向多户或三相用户供电时接户线采用三相四线绝缘线或四芯集束导线。采用剩余电流动作保护器，可采用二级或三级保护，总保护装于配电变压器低压侧。该模式的系统结构如图 2 -5 所示。

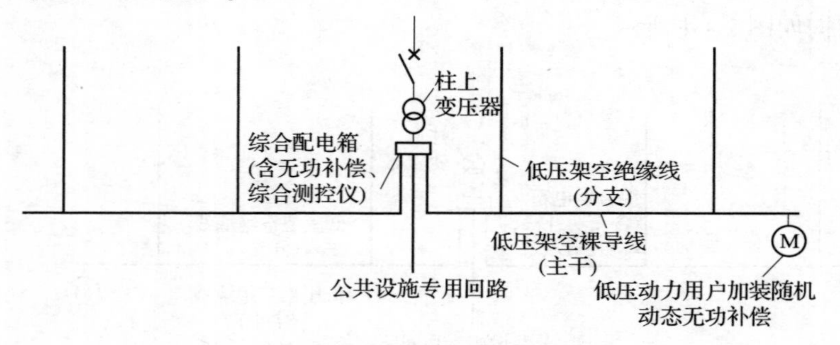

图 2 -5　架空裸导线 + 柱上变压器模式结构示意图

3．适用范围

该模式是低压基本供电模式中建设标准较低的模式，该模式适用于低压供电区域，这部分区域对环境没有特殊要求；负荷分布较为集中；树线矛盾和房线矛盾不突出，道路较宽阔；适用于对环境没有特殊要求，并且树线矛盾和房线矛盾不突出的居住区、工商混住区等一般性区域。

(六) 单三相混合供电模式

1．模式特征

该供电模式是全绝缘化的供电模式，主要特征为：采用三相四线和单相两线混合供电制式；配电变压器采用柱上变压器；低压导线采用一般架空绝缘线或集束绝缘线，对环境有要求地区采用电缆；低压线路为放射结构。

2．系统组成

配电变压器的 10kV 进线从公用辐射线路引入。配电变压器低压侧采用固定无功补偿或不装设无功补偿装置。配电变压器计量采用综合测控仪或计量箱，接户线三相四线制式选用四芯集束导线，单相两线制式采用二芯绝缘线。采用剩余电流动作保护器，可采用二级或三级保护，总保护装于配电变压器低压侧。该模式的系统结构如图 2－6 所示。

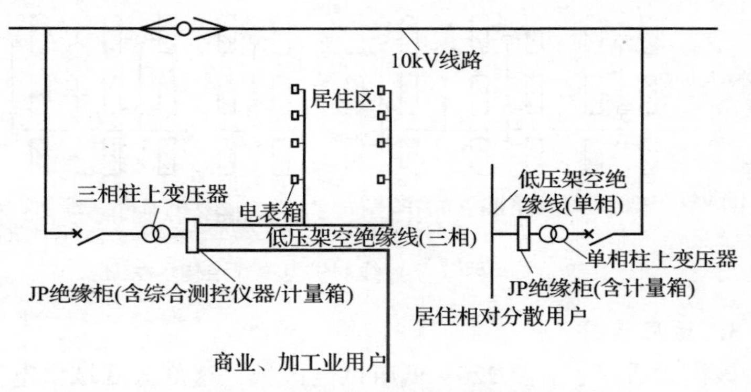

图 2－6　单三相混合供电模式结构示意图

3．适用范围

该模式适用于低压供电区域，这部分区域部分负荷较为集中且负荷较大，部分负荷分布较为分散且负荷较小；或者是以单相负荷为主，三相负荷较小；适用于居住分散程度不一或者负荷以单相为主的工商混住区。

（七）单相两（三）线制供电模式

1．模式特征

该供电模式是全绝缘化的供电模式，主要特征为：采用单相两线/三线供电制式；配电变压器采用单相箱式变电站或柱上变压器；低压导线采用一般架空绝缘线或集束绝缘线，对环境有特殊要求区域采用电缆；低压线路为放射结构。

2．系统组成

配电变压器的 10kV 进线从公用辐射线路引入，配电变压器低压侧可不装设无功补偿装置。配电变压器计量采用计量箱，接户线采用二芯绝缘线。采用剩余电流动作保护器，可采用二级或三级保护，总保护装于配电变压器低压侧。该模式的系统结构如图 2－7 所示。

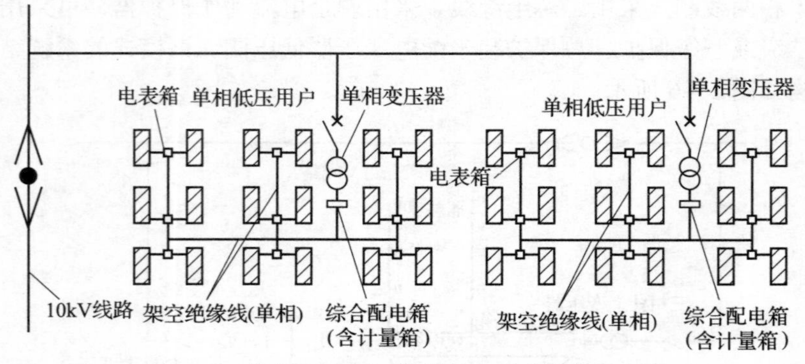

图 2－7　单相两（三）线制供电模式结构示意图

3. 适用范围

该模式适用于需要 220V 低压供电区域，这部分区域供电范围内没有三相用户；负荷分布较为分散；区域地理特征特殊，比如狭长区域；一般适用于户数较少且较为分散的农村。

三、村镇地区变电所主接线方式

村镇地区变电所接线的形式种类较多，主要考虑其工作的可靠性、灵活性、维修便利性和实用性。

1. 终端变电所主接线

终端变电所是村镇电力网中最后一级变换电压的场所，是将 10kV 高压直接引下，经变压器将低压送到各户，如图 2－8 所示。图中，高压侧一般采用跌落式熔断器和阀型避雷器进行保护。低压侧也用熔断器保护，所用开关根据用电情况选用，动力线和照明线分别经电能表、开关、熔断器、漏电保护器送至用户。

2. 单台变压器变电所主接线

变压器容量为 750～5600kV · A，其高压侧为 35kV，低压侧为 6～10kV。高压侧采用单回路进行，所以单台变压器的变电所不装母线，其接线形式如图 2－9 所示。此方式全部设备露天布置，造价低，投资小，只是供电可靠性稍低。

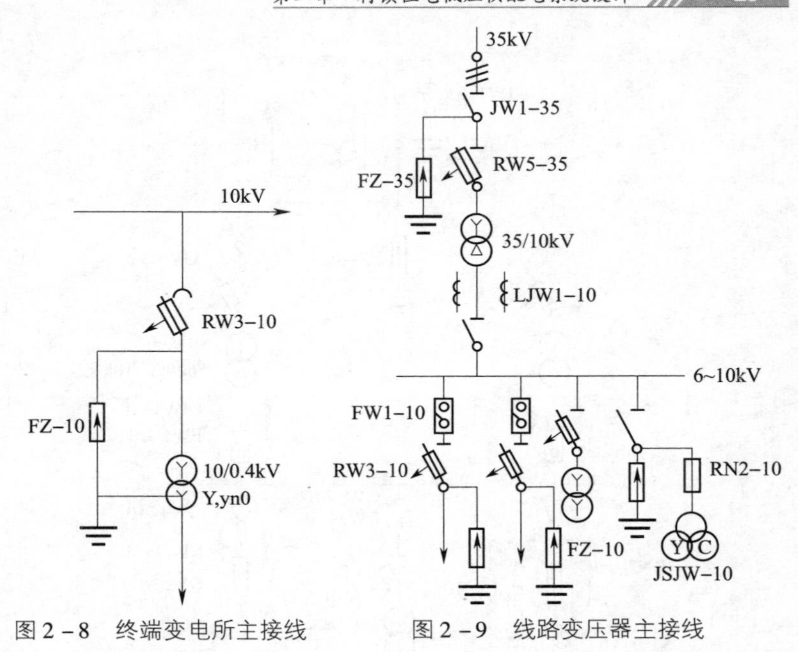

图 2-8　终端变电所主接线　　　　图 2-9　线路变压器主接线

3. 单母线接线

对于进出线较多、容量较大的村镇变电所，高低压侧可采用单母线接线，如图 2-10 所示。单母线接线简单、清晰，所需电气设备少、投资小，但当母线或母线刀闸发生故障需要检修时，会引起停电，不能保证向重要用户供电。

四、接户线和进户线形式

1. 接户线和进户线

按规定，当用户计量装置设在室内时，从低压电力线路到用户室外第一支持物的一段线路为接户线，从用户室外第一支持物至用户室内计量装置的一段线路为进户线。当用户计量装置设在室外时，从低压电力线路到用户室外计量装置的一段线路为接户线，从用户室外计量箱出线端至用户室内第一支持物或配电装置的一段线路为进户线。常用的低压线进户方式如图 2-11 所示。

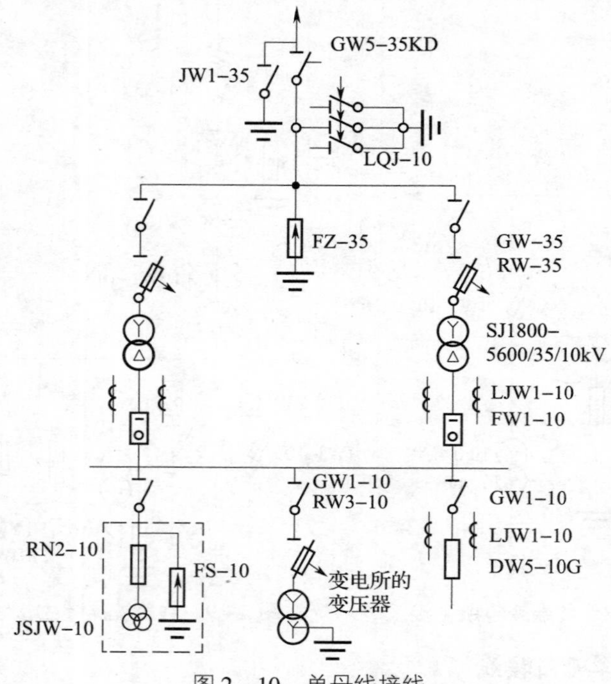

图 2-10 单母线接线

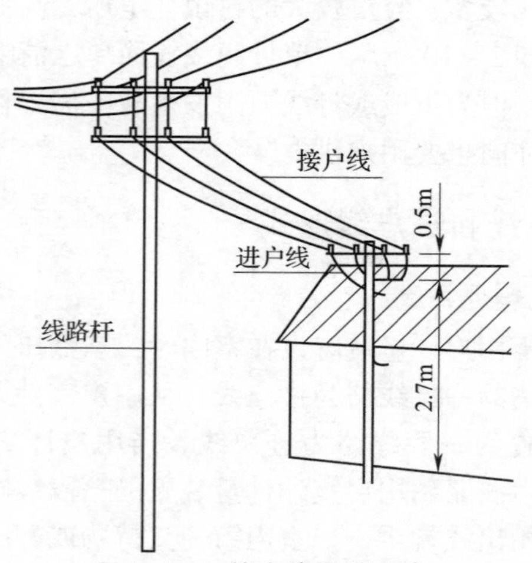

图 2-11 接户线和进户线

2. 接户线、进户线装置要求

接户线和进户线应采用绝缘良好的铜芯或铝芯导线，不应用软线，并且不应有接头。

接户线的相线和中性线或保护中性线应从同一电杆引下，其档距不宜超过 25m，超过 25m 时，应在档距中间加装接户杆。接户线的总长度（包括沿墙敷设部分）不宜超过 50m，接户线的对地距离一般不小于 2.7m，以保证安全。接户线应从接户杆上引接，不得从档距中间悬空连接，接户杆杆顶的安装形式如图 2－12 所示。

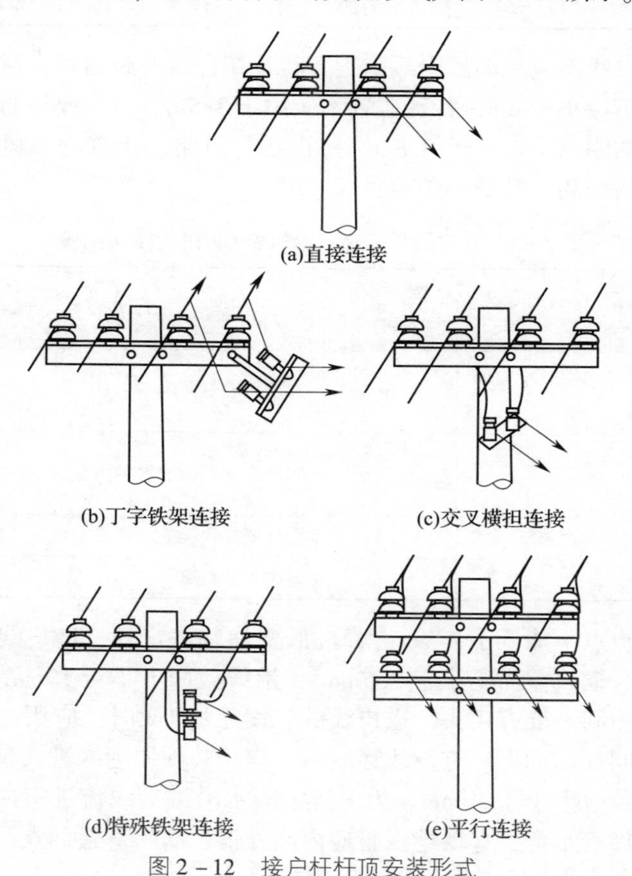

图 2－12　接户杆杆顶安装形式

接户线的截面积应根据导线的允许载流量和机械强度进行选择，低压接户线的最小允许截面积见表2－1。

表2－1　低压接户线的最小允许截面积

接户线架设方式	档距（m）	线间距离（mm）	铜导线截面积（mm^2）	铝导线截面积（mm^2）
从低压电杆引下	≤10	≥150	≥2.5	≥4
	10～25	≥150	≥4	≥6
沿墙敷设	≤6	≥100	≥2.5	≥4

接户线不应从高压引线附近穿行。接户线跨越通车街道时，垂直距离不应小于6m，特殊位置不应小于3.5m。接户线与弱电线路交叉点的距离不应小于0.6m。接户线与道路、建筑物和树木应保持一定的距离，其最小距离见表2－2。

表2－2　接户线与道路、建筑物和树木的最小距离

类　别	最小距离（m）	类　别	最小距离（m）
到汽车道、大车道中心的垂直距离	5	在窗户或阳台以下	0.8
到不通车小道中心的垂直距离	3	到窗户或阳台的水平距离	0.75
到屋顶的垂直距离	2.5	到墙壁或构架的距离	0.05
在窗户以上	0.3	与树木的距离	0.6

进户点不能低于2.7m，若过低要加装进户杆。进户线采用绝缘导线，铜线截面不小于2.5mm^2，铝线截面不小于10mm^2，并且进户线中间不准有接头。进户线的长度超过1m时，应用绝缘子在导线中间加以固定。进户线穿墙时，应套装硬质绝缘管，套管露出墙壁部分应不小于10mm。为了防止雨水沿进户线流进室内，在穿墙前应做滴水弯，穿墙绝缘管应内高外低，滴水弯最低点距地面小于2m时，进户线应加装绝缘保护套。

第二节　低压变压器的设计

村镇用配电变压器不仅仅为村镇住宅提供电能，还要兼顾村镇企业、村镇农忙用电等负荷，因此在进行变压器的设计时需要综合考虑。

一、低压变压器的类型选择

1. 变压器的类型

变压器按照相数可以分为单相变压器和三相变压器；按照绕组形式不同可以分为自耦变压器、双绕组变压器和三绕组变压器；按照冷却介质不同可以分为油浸式变压器（包括油浸自冷、油浸风冷、油浸水冷、强迫油循环风冷和强迫油循环水冷等）和干式变压器等。由于相同容量干式变压器的成本和价格要比油浸式变压器高很多，因此，村镇配电中油浸式变压器的使用率还是较高的。

变压器的型号及其表示法如图 2－13 所示。

1	2	3	4	5	6	7	/	8

图 2－13　变压器的型号表示

“1”的位置表示相数，D—单相；S—三相。

“2”的位置表示冷却方式，J—油浸自冷，亦可不标；G—干式空气自冷；C—干式浇注绝缘；F—油浸风冷；S—油浸水冷。

“3”的位置表示循环方式，自然循环，不标；P—强迫循环。

“4”的位置表示绕组数，双绕组，不标；S—三绕组；F—双分裂绕组。

“5”的位置表示调压方式，无载调压，不标；Z—有载调压。

“6”的位置表示设计序号，1，2，3……。

“7”的位置表示额定容量（kV · A）。

“8”的位置表示高压绕组额定电压等级（kV）。

例如：$SFSZ_9$－31500/110，S 指三相，F 指风冷式，S 指三线

圈，Z 指有载调压，9 指设计序号，31500 是变压器的容量，单位是 kV·A，110 是高压侧的电压，单位是 kV。目前广泛应用的三相油浸式铜绕组电力变压器，主要为 S9、S11 系列低损耗变压器。

2. 变压器的铭牌

为了让用户对变压器的性能有所了解，制造厂家给每一台变压器都安装了铭牌，铭牌上刻有变压器名称、相数、额定电压、额定电流、额定容量、额定频率、联结组标号等。只有理解铭牌上各种数据的含义，才能正确地使用变压器。如图 2－14 所示为变压器的铭牌。

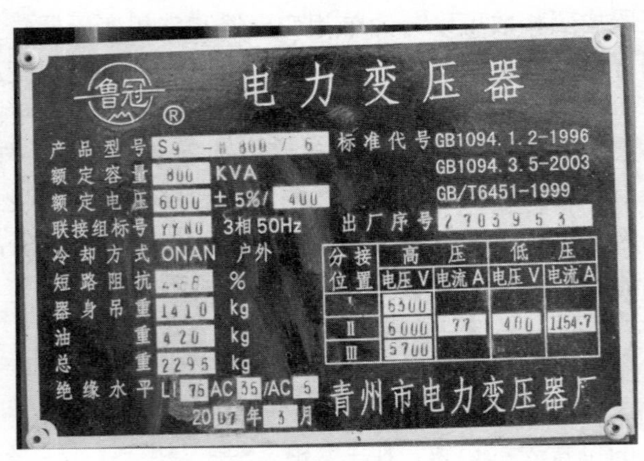

图 2－14 变压器的铭牌示意

（1）额定容量。额定容量是指在额定状态下，变压器输出能力的保证值，通常以 kV·A 表示，并且当变压器施加额定电压时，可根据它来确定额定电流。

（2）额定电压。额定电压是指在额定情况下长期运行所能承受的工作电压，单位为 V 或 kV。三相变压器的额定电压指分接开关置于中间档位时的线电压有效值。

（3）额定电流。额定电流是指在额定负荷下，长期运行所允许的工作电流，单位为 A。三相变压器的额定电流指分接开关在中间档位时的线电流。

（4）额定频率。我国标准额定频率规定为50Hz。

（5）联结组别。变压器联结组是指变压器一次绕组和二次绕组按照一定方式联结时，一次和二次绕组线电压之间的相位关系。三相电力变压器的联结组别一般有0～11共12种。为了制造和选用方便，以Y，y0；YN，y0；Y，yn0；Y，d11；YN，d11等五种为常用标准联结组，其中以Y，yn0；Y，d11；YN，d11三种为农村用变压器的联结组别。

二、低压变压器的容量选择

村镇电力负荷的特点是负荷小、分散面积广、线路延伸长；用电季节性强，主要在灌溉、排涝和收获季节，排灌负荷占总负荷的一半左右；农业用电设备主要是小容量的三相异步电动机，负载率低，需要大量无功功率；配电变压器容量小，数量又比较多。

因此，在选择变压器的容量时，应综合考虑多种因素，尽可能做到比较合理。

（1）一般油浸变压器的负载率在0.5～0.6之间时变压器的效率最高，这时变压器的容量为经济容量。负荷比较稳定、连续生产时，可按经济容量选用配电变压器，单台容量不宜超过100kV·A。

（2）主要向动力负载供电的排灌站专用变压器容量，一般按异步电动机铭牌功率总和的1.2倍选用配电变压器的容量。

（3）对于供给照明、农副产品加工等综合用电变压器的容量选择，要考虑用电设备同时率，按实际可能出现高峰负荷总功率的1.25倍左右选择配电变压器的容量。

（4）对于主要向照明负载供电的变压器容量选择，可取接近于照明总功率的变压器容量（一般不超过100kV·A）。

（5）按（2）和（3）项选用变压器容量时，如有全压起动的异步电动机，其单台功率不宜超过配电变压器容量的30%。同时，应保证同一台配电变压器供电范围内，容量最大一台全压起动电动机起动时，其他用电设备端子的剩余电压不能低于额定电压的

75%，如不能满足上述条件，全压起动电动机应采用降压起动。

（6）选择配电变压器容量，考虑到后期发展规划时，一般按照10年规划确定。如果电力发展规划并不明确，或者是实施中波动性可能较大的，则可根据当年的用电情况按照下式进行估算：

$$S_H = R_S \cdot P_H \ (\text{kV} \cdot \text{A}) \qquad (2-1)$$

式中：S_H——配电变压器在计划10年内所需容量；

R_S——容载比，一般不大于3；

P_H——当年用电负荷。

容载比可参照下式估算：

$$R_S = \frac{K_1 \cdot K_4}{K_3 \cdot \cos\varphi} \ (\text{kV} \cdot \text{A}) \qquad (2-2)$$

式中：K_1——负荷分散系数，农用电网取1.1；

K_4——电力负荷发展系数，取1.3~1.5；

K_3——配变经济负荷率，取0.6或0.7；

$\cos\varphi$——功率因数，取0.8。

三、低压变压器的安装要求

（一）变压器的安装型式

村镇用配电变压器在安装时应尽量位于负荷中心，供电半径最好不宜超过500m，输送的功率一般不超过100kW。可根据当地自然资源（如木材、砖石、水泥和钢铁产区）和变压器容量来选择合适的变压器台（简称变台）放置变压器及其附属设备。变台有杆架式（或称柱上式）和地台式两种。当设置永久性室内变配电所时，将变压器安置在室内，并应满足相关要求。

1. 杆架式变台

杆架式变台可以分为单杆架式和双杆架式。

（1）单杆架式。单杆架式变台适用于安装容量在50kV·A以下的变压器，多利用线路电杆组装成单杆变压器，变压器、高压跌落式熔断器、避雷器等都安装在一根杆架上，如图2-15所示。变压器台架对地距离大于2.3m，变压器的引入线、引上线和母线的下端对地距离大于3m，户外跌落式熔断器对地距离大于4m。这种变台占地面积小，结构简单，组装方便。

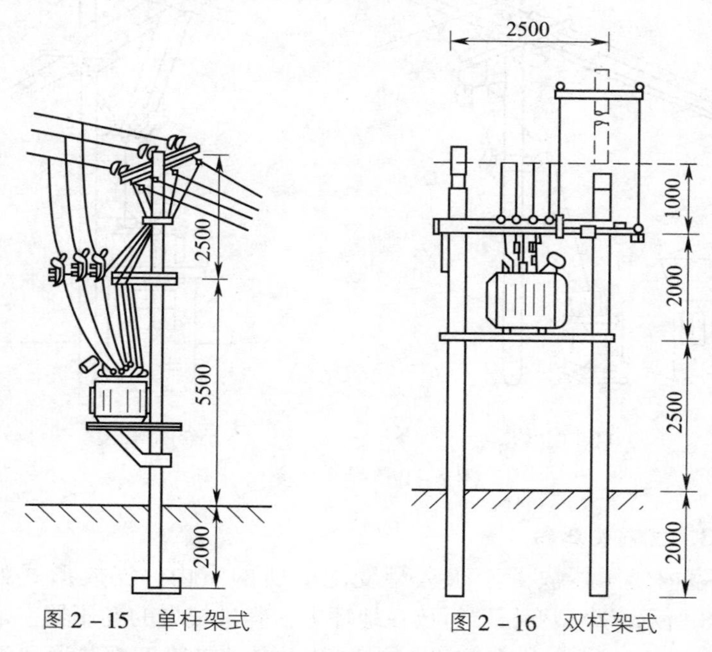

图2－15 单杆架式

图2－16 双杆架式

（2）双杆架式。双杆架式变台适用于安装容量在50～180kV·A的变压器。双杆架式变台是在距离高压杆2～3m处再立一根约7.5m的电杆，在离地面2.5～3m高处用两根槽钢搭成安放变压器的架子，在台架上2m处设母线架，变压器的高压引线接在母线上，如图2－16所示。杆上装有钢制或木制的横档，用以安装户外跌落式熔断器、避雷器和高、低压引线。

2. 地台式变台

地台式变台是用砖或石块砌成高1.7～2m，可安装变压器的地台。地台每边应多出变压器外壳0.3m，如地台高度低于1.5m时，应在地台周围安装1.8m的固定遮拦，四周各侧应挂安全警示牌，遮拦与带电部分的距离应保持在1.5m以上。

地台式变台可分不带配电室和带配电室两种，如图2－17所示。

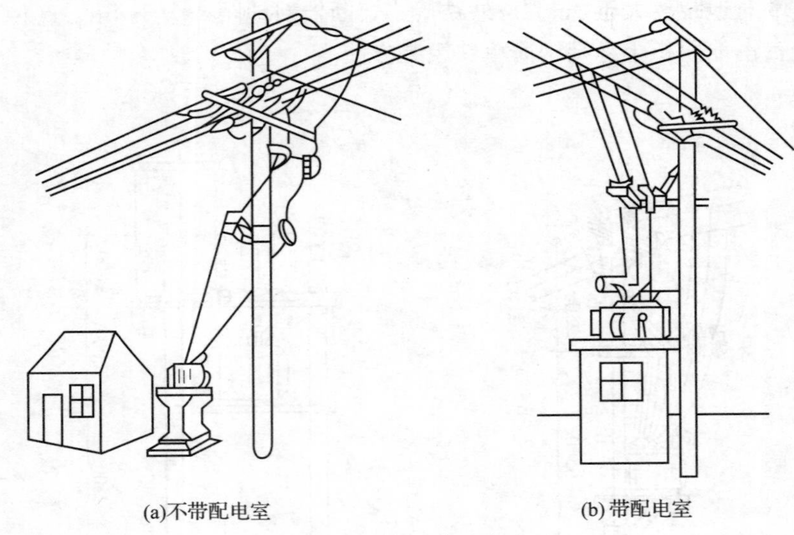

图 2-17　地台式变台

3. 室内变压器

室内变压器放置于永久型变配电所的室内，安放形式如图 2-18 所示。小型变压器可放在地坪上，容量较大的变压器一般要架高 0.8～1.0m，放在轨梁上并加以固定，室墙下都装通风百叶窗，利于散热。

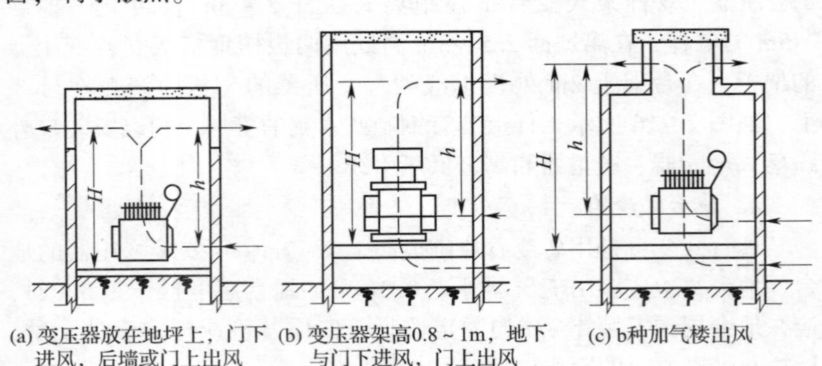

图 2-18　室内变压器安放形式

不论采用哪种变台，变压器的高压引下线及高压母线均采用铜芯或铝芯橡皮绝缘线，其最小截面，铜芯不得小于25mm^2，铝芯不得小于35mm^2，高压引下线，高压母线以及跌落式熔断器的不同相间距离不得小于350mm。低压线的边线与高压引下线间的距离不得小于350mm。严禁低压线穿过高压引下线。引上和引下线的弛度应该整齐一致。

10kV配电网上，单台农用配电变压器容量一般不宜大于500kV·A，新增生活用配电变压器单台容量一般不超过100kV·A。负荷较大时，可选用几台变压器并联供电。

（二）变压器的保护

配电变压器的保护分高压侧保护和低压侧保护两方面。高压侧使用户外跌落式熔断器作为隔离开关和短路保护，另外，加装阀式避雷器作防雷保护；低压侧设备保护包括刀开关、低压断路器和熔断器（低压断路器和熔断器一般装在低压配电柜中）。

1. 高压跌落式熔断器

跌落式熔断器有明确的断开点，常用作配电变压器停、送电操作，可用作高压配电分支线路的开关和保护。用作变压器保护时，当变压器绕组或引线发生短路故障时，熔丝熔断，熔丝管靠自重而自动跌落，切断电源，保护变压器。

跌落式熔断器结构图如图2－19所示，它主要由作为固定支架的瓷绝缘子和活动的熔丝管两部分组成的。熔管两端装有金属帽及触头，熔丝压接在多股铜线上，通过熔管分别用螺丝固定在上、下端金属触头上。在正常情况下，熔丝处于拉紧状态，发生故障时，熔丝熔断，熔管靠自重而自动跌落开。

跌落式熔断器通常安装在靠近变压器高压侧的铁横担上，安装高度为4.5～5.0m，安装后倾斜角为15°～30°，每相间水平距离不小于0.5m。安装后应检查熔丝管操作是否灵活（包括合闸、跌落及熔丝管取下和装上）。

选择熔丝时，应能保证变压器内部短路时可以迅速熔断。熔丝的额定电流根据变压器高压侧额定电流确定，容量在125kV·A及以下的变压器，可按变压器高压侧额定电流的2～3倍选择；容量在125～400kV·A之间的变压器，按高压侧额定电流的1.5～2.0倍选择；容量大于400kV·A的变压器，按高压侧额定电流的1.5倍选择。如果变压器容量较小，熔丝也不能选得过细，如计算出熔丝额定电流小于5A，考虑机械强度，最好选5A的熔丝。

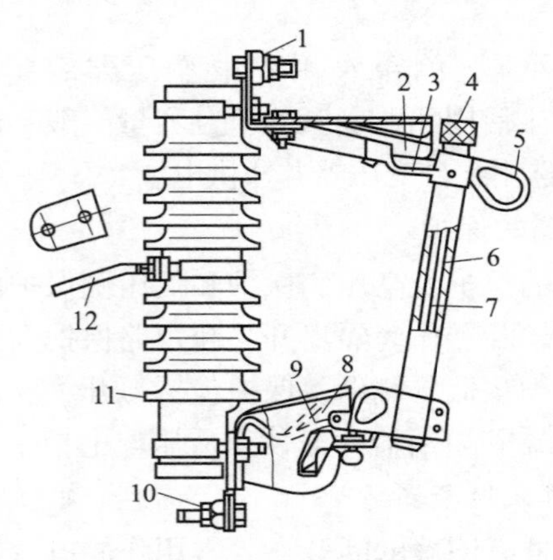

图2-19 跌落式熔断器

1—上接线端子；2—上静触点；3—上动触头；4—管帽（带薄膜）；5—操作环；6—熔管（外层为酚醛纸管或环氧玻璃布管，内衬纤维质消弧管）；7—铜熔丝；8—下动触头；9—下静触头；10—下接线端子；11—绝缘子；12—固定安装板

2. 高低压避雷器

高压避雷器是用来保护高压配电设备（包括配电变压器）免受雷电过电压损害的。高压避雷器装在跌落式熔断器后面，拉下熔断器就可以安装、更换，常用高压阀式避雷器型号是FS型。常用阀式避雷器FS_{4-10}型，其结构如图2-20（a）所示。每年雷电季节到来之前要用摇表进行绝缘电阻测定，必要时要卸下做高压实验，以保证其可靠性。

对于中性点不接地的配电变压器，为防止低压设备受损，应在变压器中性点装设一个低压阀式避雷器$FS_{-0.38}$型，其结构如图2-20（b）所示。推荐使用氧化锌避雷器取代阀式避雷器。

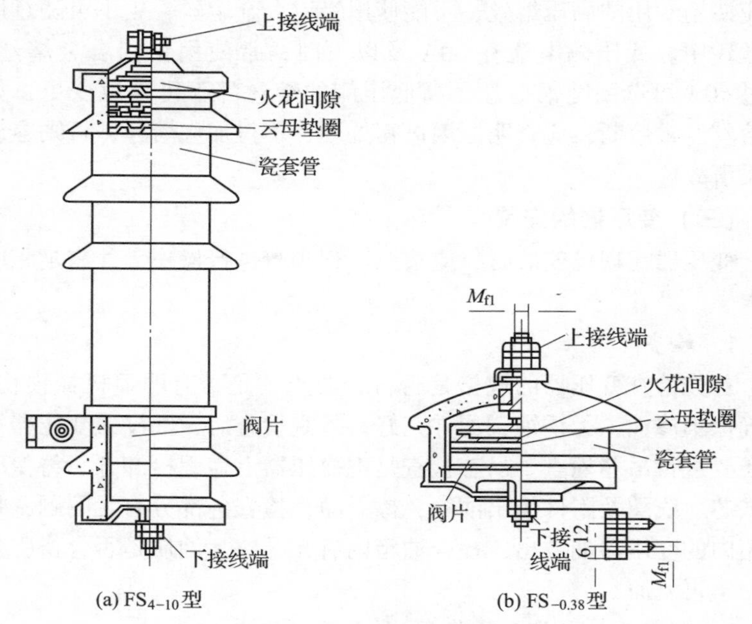

图 2－20　高低压阀型避雷器

3. 低压侧的保护

变压器低压侧的保护可根据变压器容量的大小选择不同的保护方式。当变压器容量在 100kV·A 以下时，低压侧额定电流不大，可选择户外式石板闸刀开关。若配有防雨防潮保护措施，可选用铁壳开关或其它三相闸刀开关等。对于容量在 100kV·A 以上的变压器，可根据变压器的不同用途和安装地点，选择石板闸刀开关或自动空气开关来控制和保护。

变压器低压侧控制与保护用刀开关容量一般以变压器低压侧额定电流的 1.5～3 倍选取，熔丝的额定电流可按低压侧额定电流的 1～1.3 倍选取。变压器高低压侧熔断器与低压分支线路熔断器，先后熔断的顺序要正确配合。当低压侧供电分支线发生短路或过载时，分支线熔断器熔丝先熔断，而低、高压侧熔丝不应熔断。低压侧发生短路，低压侧熔丝熔断，高压侧熔丝不应熔断。高压侧的熔丝应使用专用的高压熔丝，不能使用铅锡合金熔丝，更不可随意用铁丝代用。低压侧电流在60A及以下时，常使用铅锡合金熔丝，超过60A可选用纯铜熔丝。高低压侧的熔丝都不可随意变更，如果熔丝经常熔断，应查明原因进行处理，不得加大熔丝，否则容易引发事故。

（三）变压器的安装

变压器在现场安装时，应按照下列步骤进行操作，并满足相应要求。

1. 检查

首先检查变压器的规格是否符合要求，是否有明显机械损伤，应确保不渗油，无锈蚀，配件完好。外观检查后，油浸式变压器一般还要进行吊芯检查。吊芯检查是把变压器上盖螺栓卸开，将变压器铁芯、线圈及附件吊出油箱，擦干净，检查各部分有无问题，将油箱内的变压器油放出，检查油箱内有无异物，油质是否合格，检查完毕再复原。

2. 用起重机或吊车吊装

3. 固定

一般将变压器摆放在基轨上，小轮前后加止滑器，防止滑移。杆上变压器或有抗震要求的变压器，可以用压板把变压器小轮压住。为了使运行中油浸式变压器内产生的气体全部流向气体继电器，要把装有气体继电器的一侧垫高，使两侧有1%～1.5%的坡度。

4. 防火

在变压器附近应备有消防器材，如砂箱、灭火器。容量在800kV·A及以上的油浸变压器都应装有防爆管。当安装防爆管时，应注意防爆管的方向，要使防爆管在事故喷油时不至于喷到附近的电缆、母线或其他电气设备上去。

5. 防止误操作

特别注意由单相变压器组成的变压器组，在每个单相变压器上都要标示出该变压器的相位。在切换单相变压器操作时，一旦弄错切换隔离开关相位，会发生人身触电和设备事故的严重后果。因此，对备用变压器，在切换隔离开关上要标明切换的相位，切换装置附近要有清晰的接线图，防止误操作。

6. 防震

在抗震烈度为七级及以上地区安装电力变压器时，应考虑以下防震措施：底盘应固定，变压器连接套管用软导线连接时应适当放松，用硬套管连接时，应将软连接接头适当加长；变压器套管与法兰的连接宜加固；用防震型瓦斯继电器取代普通型瓦斯继电器；柱上变压器底盘应与支座固定，上部用铁丝与柱绑扎牢固。

（四）变压器的运行

1. 运行前检查

检查试验合格证，若该证签发日期超过两个月，应重新测试绝缘电阻，检查油位是否正常，有无渗、漏油；呼吸孔是否通气；高、低压套管及引线是否完整，有无裂纹，螺纹是否松动；无载调压开关位置是否正确；高、低压熔断丝是否合格；防雷保护是否齐全，接地电阻是否合格；连接电缆和母线有无异常现象。

2. 变压器停送电操作

（1）对于用油开关控制的变压器，停电时先拉油开关，后拉隔离开关；送电时先合隔离开关，后合油开关。

（2）对于只用跌落式熔断器控制的变压器，停电时应通知用户将负载切除，先拉低压分路开关，后拉低压总开关，最后在空载时拉开高压跌落式熔断器，送电与停电的操作顺序相反。同时注意，接合跌落式熔断器时，必须使用合格的绝缘拉杆，穿绝缘鞋或站在干燥的木台上，旁边应有人监护。

（3）检查变换无载调压开关位置时，必须将变压器与电力网断开。变换分接头后，应用欧姆表检查回路完整性和三相电阻的均一性。

3. 运行中检查

变压器在运行中应进行下列检查。

（1）检查声音是否正常。变压器正常运行时发出均匀嗡嗡声。

发生故障时会产生异常声响：声音比平常沉重，说明负荷过重；声音尖锐时，说明电源电压过高；声音出现嘈杂，说明内部结构松动；出现爆裂声，说明线圈或铁心绝缘击穿；其他如开关接触不良或外电路故障也会引起变压器声响变化。

（2）检查油温是否正常。检查油色和油面高度是否正常，正常运行的油位应在油面计的 1/4 ~ 3/4 之间，新油呈浅黄色，运行后呈浅红色。特别要检查是否出现假油面情况，这可能是油标管、呼吸器、防爆通气孔堵塞所致。经常保持变压器油的良好性能，是保证变压器安全可靠运行的重要环节。

（3）检查套管、引线的连接是否完好，套管有无裂纹，及损坏和放电痕迹；引线、导杆和连接栓有无变色。如有不清洁或破裂，在阴雨天或雾天会使泄漏电流增大，甚至发生对地放电。还要注意是否有树枝、杂草或其它杂物搭在套管上。

（4）检查高、低压熔丝是否正常。低压熔断丝熔断的原因可能有：低压架空线或埋地线短路；变压器过负荷；用电器绝缘损坏或短路；熔丝容量选择不当。高压侧熔断丝熔断的原因可能有：变压器绝缘击穿；低压设备发生故障，但低压熔丝未断；落雷也可能把高压熔丝烧断；高压熔丝容量选择不当。

（5）检查变压器的接地装置是否完好。正常运行变压器外壳的接地线，中性点接地线和防雷装置接地线都紧密连接在一起，并完好接地，如发现锈、断等情况，应及时处理。

变压器有下列情形之一时应立即停止运行：音响大，不均匀，有爆裂声；在正常冷却条件下，变压器油温不正常并不断上升；油枕喷油或防爆管喷油；油面低于油位计的限值；油色变化大，油内出现碳质等；套管有严重的破损和放电现象。

第三节 电线电缆的选择

电气线路选用不当或者是长期使用造成的线缆老化都会使得供配电系统发生故障，不仅会影响正常供电，甚至可能引发火灾事故，造成人员伤亡。因此，需要合理的选择线缆，保障供电的安全可靠。对线缆的选择要考虑类型和截面两方面的要求。

一、电线电缆类型的选择

电线电缆按照有无绝缘层和保护层可以分为裸导线和绝缘线缆两大类。裸导线和绝缘线缆根据其各自的特点不同，适用的场所和环境也各不相同。但是随着经济的发展，社会主义新农村电气化建设蓬勃发展，鉴于供电安全性和可靠性，低压线路绝缘化是发展趋势。村镇地区穿村而过或者是位于路边、村边的低压线路，应尽量使用绝缘导线。房屋内采用的配电线路及从电杆上引进户内的线路应选择绝缘导线。

（一）低压架空线路用裸导线

架空导线是构成供配电网络的主要元件，在屋外配电装置中也常采用架空导线作母线，又称软母线。导线的材料有铝、铜、铝合金和钢几类，架空线路主要用铝导线。

架空裸导线的结构分为单股、多股绞线和复合材料多股绞线3类，如图2-21所示。

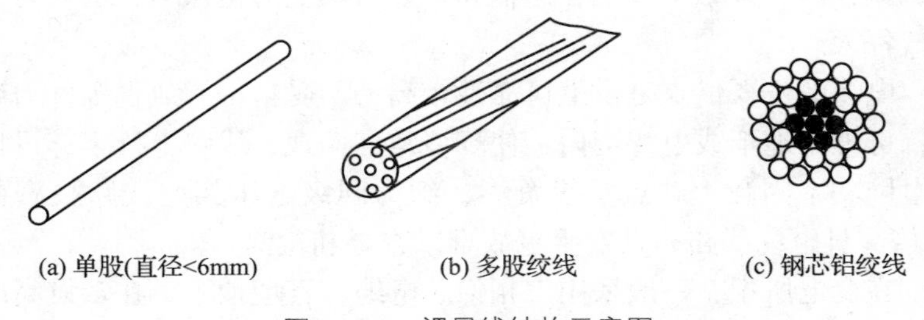

图2-21　裸导线结构示意图

单股导线直径最大不超过6mm。目前单股导线的截面积一般在10mm²及以下。在架空线路上不允许采用单股铝导线。

多股绞线由多股细导线绞合而成。多股绞线的优点是机械强度比较高，柔韧易弯曲，同时由于多股线表面氧化电阻率增加，使电流沿多股线流动，集肤效应比较小，电阻比同样截面单股导线略有降低。

复合材料多股绞线是指两种材料的多股绞线。常用的是钢芯铝绞线，导线中心部位由钢线绞合而成，外面再绞上铝线，它利用钢芯机械强度高和外部铝线导电好、抗腐蚀力强的优点，使导线机电性比较好。

裸导线型号由汉语拼音字母和数字两部分组成，字母在前，数字在后。用第一个汉语拼音字母表示导线的材料和结构，字母后面的数字表示导线的标称截面，单位是 mm^2。

L—铝导线；T—铜导线；G—钢导线；LG—钢芯铝导线；后面再加字母 J 表示多股绞线，不加字母 J 表示单股导线。

导线截面有一定的标准规格，以便厂家批量生产，便于使用人选择和预留备品。

（二）低压电缆

电力电缆的结构主要由导线芯、绝缘层和保护层三部分组成。导体一般由多股铜线或铝线绞合而成，以便于弯曲。线芯采用扇形，从而可减小电缆的外径。绝缘层用于将导体线芯之间及大地之间良好地绝缘。保护层是用来保护绝缘层的，使其密封并具有一定的机械强度，以承受电缆在运输和敷设时所受的机械力，也可防止潮气侵入。

电缆的主要优点是供电可靠性较高，不受雷击、风害等外力破坏；可埋于地下或电缆沟内，使环境整齐美观；线路电抗小，可提高电网功率因数。缺点是投资大，约为同级电压架空线路投资的 10 倍，且电缆线路一旦发生事故难以查寻和检修。

在变电所中，一般采用三相铝芯电缆，直埋地下。在敷设高度差较大地点敷设，应采用不滴流电缆或塑料电缆。

用于低压（1000V）系统的电缆称为低压电缆。低压电缆一般为多芯（二芯、三芯、四芯），低压电缆的绝缘多采用塑料和橡胶，保护层的材料一般与绝缘材料相同。电缆线路用的电力电缆可以直接敷设在地下或水中，常用低压电缆的型号及适用范围如表

2－3 所示。

表 2－3　常用低压电缆型号及适用范围

型号	名　称	适用范围
VV	铜芯聚氯乙烯绝缘聚氯乙烯护套电力电缆	敷设在室内、隧道内及管道中，不能承受外力作用
VLV	铝芯聚氯乙烯绝缘聚氯乙烯护套电力电缆	
VV_{22}	铜芯聚氯乙烯绝缘聚氯乙烯护套钢带铠装电缆	敷设在地下，能承受机械外力作用，但不能承受大的拉力
VLV_{22}	铝芯聚氯乙烯绝缘聚氯乙烯护套钢带铠装电缆	

（三）常用低压绝缘导线

常用低压绝缘导线用于低压电网室内外配线和电气设备的连接。

绝缘导线由线芯、绝缘层或再加保护层构成。线芯又分硬线芯和软线芯两种。硬线芯又分一股和多股两类。线芯材料有铜和铝两种。软线芯用多股细铜丝绞合而成。

绝缘导线的绝缘层用橡皮或塑料做成。用橡皮做绝缘的导线叫橡皮绝缘导线，一般在橡皮绝缘层外再包上棉织物或玻璃纤维织物的保护层。用塑料做绝缘的导线叫塑料绝缘导线。塑料绝缘导线的绝缘层外一般不加保护层。此外，在绝缘层外再加塑料或橡胶绝缘保护层或加金属保护层的导线叫护套线。护套线分为双芯和三芯两种。

绝缘导线的结构如图 2－22 所示。

塑料绝缘的绝缘性能良好，耐油和抗酸碱腐蚀，价格低，可节约橡胶和棉纱，在室内敷设应优先选用塑料绝缘导线。但塑料绝缘线不宜在户外使用，以免高温时软化，低温时变硬变脆。

常用绝缘导线的型号、名称及适用范围如表 2－4 所示。

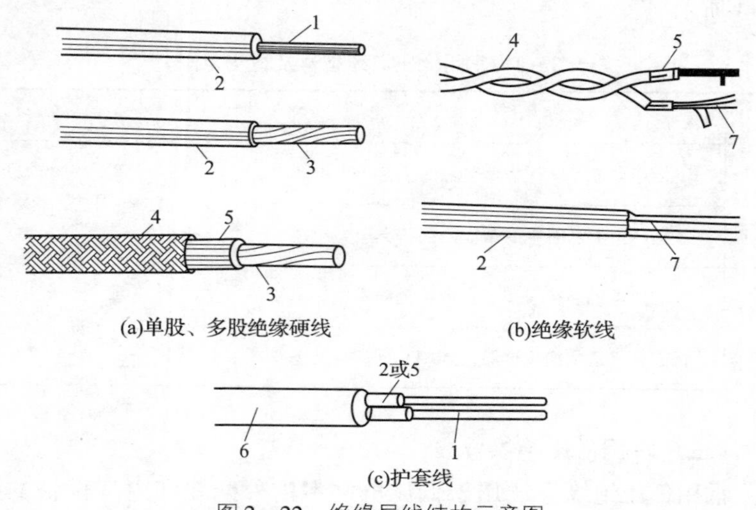

图 2－22 绝缘导线结构示意图

1—单股线芯；2—塑料绝缘；3—多股线芯；4—棉纱或玻璃纤维织物；5—橡皮绝缘；6—护套层；7—多股铜丝软线芯

表 2－4 常用绝缘导线型号及适用范围

型号	名称	适用范围
BX	铜芯橡皮绝缘线	适用于室内交流额定电压 500V 或直流 1000V 及以下电气设备及照明装置
BLX	铝芯橡皮绝缘线	
BXF	铜芯氯丁橡皮绝缘线	适用于交流额定电压 500V 或直流 1000V 及以下电气设备及照明装置，适用于室外敷设
BLXF	铝芯氯丁橡皮绝缘线	
BXR	铜芯橡皮软线	室内安装，要求导线较柔软的场所
BXG	铜芯穿管橡皮绝缘线	适用于交流额定电压 500V 或直流 1000V 及以下电气设备及照明装置，适用于管内敷设
BXLG	铝芯穿管橡皮绝缘线	
BV	铜芯聚氯乙烯绝缘线	适用于交流额定电压 500V 或直流 1000V 及以下电气设备及电气线路，可明敷、暗敷
BLV	铝芯聚氯乙烯绝缘线	
BVV	铜芯聚氯乙烯绝缘、护套线	
BLVV	铝芯聚氯乙烯绝缘、护套线	

续表 2－4

型号	名　　称	适 用 范 围
BV－105	铜芯耐热 105℃绝缘线	固定敷设，适用于高温场所
BVR	铜芯聚氯乙烯绝缘线	室内安装，要求导线较柔软的场所
RV	铜芯聚氯乙烯绝缘软线	供各种低压交流移动电器接线用
RVV	铜芯聚氯乙烯绝缘护套软线	
RVS	铜芯聚氯乙烯绝缘双芯软线	用于交流额定电压 250V 及以下日用电器、电子设备和照明灯头接线
RVB	铜芯聚氯乙烯绝缘平型软线	用于交流额定电压 250V 及以下日用电器、电子设备和照明灯头接线
JKV	架空铜芯聚氯乙烯绝缘电线	架空固定敷设、引户线等
JKLV	架空铝芯聚氯乙烯绝缘电线	
JKLHV	架空铝合金芯聚氯乙烯绝缘电线	
JKY	架空铜芯聚乙烯绝缘电线	
JKLY	架空铝芯聚乙烯绝缘电线	
JKLHY	架空铝合金芯聚乙烯绝缘电线	

二、电线电缆截面的选择

低压电线电缆的截面选择应满足发热条件、允许电压损耗、机械强度选择等要求。根据设计经验，低压动力设备的供电线路因其负荷电流较大，所以一般先按发热条件选择截面，再校验电压损耗和机械强度。低压照明线路因照明对电压要求较高，一般先按允许电压损耗来选择截面，然后校验其发热条件和机械强度。而对长距离线路，电压损失将成为决定性条件。电线电缆截面选择时，所选导线截面必须大于各种情况的导线最小允许截面。

（一）按发热条件选择导线截面

1. 按发热条件选择的原则

电流通过导线时，导线的电阻消耗能量并使导线发热。导线中的电流越大，导线温度越高。当温度升高时，导线接头处、导线与电器连接处，由于接触电阻大，发热多，温度更高。接头处温度升高，可能使表面氧化严重，加大接触电阻，形成恶性循环，降低导线强度甚至把导线烧红、烧断，造成事故或灾害。对于绝缘导线，导线温度过高可能使绝缘（橡皮、塑料等）损坏。因此，导线的发热温度不能过高。

为使导线的温度不超过允许温度，必须限制通过导线的电流。因此规定了导线的允许工作电流值或允许载流量，即在一定温度下（通常为25℃）允许通过的最大电流。使用时，在环境温度不同时，允许载流量值应进行修正，即乘以温度修正系数 K。导线流过的工作电流应小于乘以温度修正系数 K 的安全电流，$I \leqslant K I_{max}$。裸导线的最高允许工作温度为70℃。绝缘导线的允许温度与导线结构及绝缘材料有关，低压塑料、橡胶绝缘的绝缘导线、电缆及地埋线线芯的最高允许工作温度为65℃。

按发热条件选择相线截面时，应使其允许载流量 I_{ux} 不小于相线的负荷电流 I_j，即：

$$I_{ux} \geqslant I_j \tag{2-3}$$

2. 导线允许载流量的估算

各种导线的允许载流量与导线的型号、规格、敷设的方式、并列的根数，环境温度等均有关，计算起来是相当困难的，通常都从有关手册中查找。同一导线截面，在不同的敷设方式、不同的环境温度下，其允许载流量相差很大。常用的聚氯乙烯绝缘导线明敷时的允许载流量见表2－5。

表2－5 聚氯乙烯绝缘导线明敷的载流量（A）（最高允许工作温度为65℃）

截面	BLV 铝芯				BR、BVR 铜芯			
（mm^2）	25℃	30℃	35℃	40℃	25℃	30℃	35℃	40℃
1					19	17	16	15
1.5	18	16	15	14	24	22	20	18
2.5	25	23	21	19	32	29	27	25
4	32	29	27	25	42	39	36	33

续表 2－5

截面 (mm^2)	BLV 铝芯				BR、BVR 铜芯			
	25℃	30℃	35℃	40℃	25℃	30℃	35℃	40℃
6	42	39	36	33	55	51	47	43
10	59	55	51	46	75	70	64	59
16	80	74	69	63	105	98	90	83
25	105	98	90	83	138	129	119	109
35	130	121	112	102	170	158	147	134
50	165	154	142	130	215	201	185	170
70	205	191	177	162	265	247	229	209
95	250	233	216	197	325	303	281	257
120	285	266	246	225	375	350	324	296
150	325	303	281	257	430	402	371	340
185	380	355	328	300	490	458	423	387

但是在实际的使用过程中，查表还是比较麻烦，因此读者可以根据估算口诀进行估算，只需记住口诀、弄清含义、注意修正，即可对各种截面积的载流量进行简易的估算，使用起来更为方便、简捷。本书中引用的估算口诀是湖北工业建筑设计院李西平先生编写的《导线载流量的计算口诀》。

（1）估算口诀。铝芯绝缘线载流量与截面的倍数关系符合下面的估算口诀：10 下五，100 上二，25、35，四、三界，70、95，两倍半；穿管、温度，八、九折；裸线加一半；铜线升级算。

（2）口诀说明。口诀对各种截面的载流量（A）不是直接指出的，而是用截面乘上一定的倍数来表示。为此，应先熟悉我国常用导线标称截面（mm^2）的排列：

1、1.5、2.5、4、6、10、16、25、35、50、70、95、120、150、185……

生产厂制造铝芯绝缘线的截面通常从 2.5mm^2 开始，铜芯绝缘线则从 1mm^2 开始，裸铝芯从 16mm^2 开始，裸铜芯则从 10mm^2 开始。

①第一句口诀指出铝芯绝缘线载流量（A）可按截面的倍数来

计算。口诀中的阿拉伯数字表示导线截面（mm^2），汉字数字表示倍数。把口诀的截面与倍数关系排列起来如下：

1～10	16、25	35、50	70、95	120以上
五倍	四倍	三倍	二倍半	二倍

口诀“10下五”是指截面在$10mm^2$以下，载流量都是截面数值的五倍。“100上二”是指截面在$100mm^2$以上的，载流量是截面数值的二倍。截面为$25mm^2$与$35mm^2$是四倍和三倍的分界处，这就是口诀“25、35，四、三界”。而截面$70mm^2$、$95mm^2$则为二点五倍。从上面的排列可以看出：除$10mm^2$以下及$100mm^2$以上之外，中间的导线截面是每两种规格属同一种倍数。

例如铝芯绝缘线，环境温度为不高于25℃时的载流量计算：

当截面为$6mm^2$时，算得载流量为30A；当截面为$150mm^2$时，算得载流量为300A；当截面为$70mm^2$时，算得载流量为175A。

从上面的排列还可以看出：倍数随截面的增大而减小，在倍数转变的交界处，误差稍大些。比如截面$25mm^2$与$35mm^2$是四倍与三倍的分界处，$25mm^2$属四倍的范围，它按口诀算为100A，但按手册为97A；而$35mm^2$则相反，按口诀算为105A，但查表为117A，不过这对使用的影响并不大。当然，若能“胸中有数”，在选择导线截面时，$25mm^2$的不让它满到100A，$35mm^2$的则可略为超过105A便更准确了。同样，$2.5mm^2$的导线位置在五倍的始端，实际便不止五倍（最大可达到20A以上），不过为了减少导线内的电能损耗，通常电流都不用到这么大，手册中一般只标12A。

②后面三句口诀便是对条件改变的处理。“穿管、温度，八、九折”是指：若是穿管敷设（包括槽板等敷设，即导线加有保护套层，不明露的），计算后再打八折；若环境温度超过25℃，计算后再打九折，若既穿管敷设，温度又超过25℃，则打八折后再打九折，或简单按一次打七折计算。

关于环境温度，按规定是指夏天最热月的平均最高温度。实际上，温度是变动的，一般情况下，它对导线载流量的影响并不很大。因此，只对某些车间或较热地区超过25℃较多时，才考虑打折扣。

例如，对铝芯绝缘线在不同条件下载流量的计算：当截面为10mm²穿管时，则载流量为 $10\times5\times0.8=40$（A）；若为高温，则载流量为 $10\times5\times0.9=45$（A）；若是穿管又高温，则载流量为 $10\times5\times0.7=35$（A）。

③对于裸铝线的载流量，口诀指出“裸线加一半”即计算后再加一半，这是指同样截面裸铝线与铝芯绝缘线比较，载流量可加大一半。

例如对裸铝线载流量的计算：当截面为16mm²时，则载流量为 $16\times4\times1.5=96$（A），若在高温下，则载流量为 $16\times4\times1.5\times0.9=86.4$（A）。

④对于铜导线的载流量，口诀指出“铜线升级算”，即将铜导线的截面排列顺序提升一级，再按相应的铝线条件计算。由于铝的电阻率是铜的1.69倍，在相同的环境条件下，等截面铜导线的载流量是铝导线的1.3倍；若以通过电流来考虑，则相同负载电流铝导线的截面是铜导线的1.69倍。事实上，敷设条件相同时，某一规格铜导线与相临更大一级同类型的铝导线载流量相当。

例如截面为35mm²裸铜线环境温度为25℃，载流量的计算为：按升级为50mm²裸铝线即得 $50\times3\times1.5=225$（A）。

3. 负荷电流的估算

电流的大小直接与功率有关，也与电压、相别、功率因数等有关，一般均有公式可供计算，对于220/380V三相四线系统，可以根据功率的大小直接估算出电流。

估算要点：

（1）三相动力设备（三相电动机）1kW 2A，即设备千瓦数的2倍就是电流的大小；

（2）三相电热设备（电阻炉）1kW 1.5A，即设备千瓦数的1.5倍就是电流的大小；

（3）单相220V用电设备1kW 4.5A，即设备千瓦数的4.5倍就是电流的大小。

例如55kW三相电动机的电流约为110A；3kW三相电加热器的电流约为4.5A；1kW投光灯（单相）的电流约为4.5A。

（二）按允许电压损耗选择导线截面

1. 允许电压偏差与允许电压损耗

电力线路上各点的电压实际上是随时变化的，它们与电力线路的额定电压随时有着或大或小的差别。线路上任一点的实际电压与额定电压之差称为电压偏差，一般用它与额定电压之比的百分数来表示，即

电压偏差 =（电压实际值 - 额定电压）/额定电压 ×100%

电压过高将缩短白炽灯、日光灯、电视机等家用电器，电动机及其他用电设备的寿命；电压过低将使白炽灯效率降低，日光灯不能启动，电视机没有图像，电动机发热严重，寿命降低，对其他用电设备也不利。因此，国家规定，三相低压用户处的电压偏差应为 -7% ~ +5%，低压单相线路用户处的电压偏差应为 -10% ~ +5%，上述规定值也叫允许电压偏差。

为了使村镇地区电压质量达到标准要求，需要采取缩短各级电网供电半径、适当增设调协压装置和限制线路的电压损耗等综合措施。限制各级电压线路的电压损耗是其中的重要措施。

城市低压线路（包括接户线）的允许电压损耗为5%；村镇地区低压线路的允许电压损耗为7%。

对于有几个集中负荷的线路，线路电压损耗为：

$$\Delta U\% = K_P \Delta U_0\% \sum PL \leqslant \Delta U_y\%$$

对于负荷均匀分布的线路，线路电压损耗为：

$$\Delta U_0\% = (1/2) K_P \Delta U_0\% \sum PL \leqslant \Delta U_y\%$$

式中：$\Delta U_y\%$——允许电压损耗百分数，取5%或7%；

$\Delta U_0\%$——导体在不同功率因数下单位电压损耗的百分数（见表2-6）；

K_P——电压损耗配电方式计算系数（见表2-7）；

$\sum PL$——线路总负荷矩（见图2-23）。

表 2－6　三相低压架空线路单位电压损耗的百分数 $\Delta U_0\%$

导线型号	每 km 阻抗（Ω/km）		在下列 cosα 值时，线路单位电压损耗百分数 $\Delta U_0\%$（1/kW·km 省略百分号）							
	电阻 R_0(Ω)	电抗 X_0	cosα							
			0.60	0.70	0.75	0.80	0.85	0.90	0.95	1.0
LJ－16	1.98	0.358	1.70	1.62	1.59	1.56	1.52	1.49	1.45	1.37
LJ－25	1.28	0.345	1.20	1.13	1.10	1.07	1.03	1.0	0.96	0.86
LJ－35	0.92	0.336	0.95	0.83	0.84	0.81	0.78	0.75	0.71	0.64
LJ－50	0.64	0.325	0.74	0.67	0.64	0.61	0.58	0.55	0.52	0.44
LJ－70	0.46	0.315	0.61	0.54	0.51	0.48	0.45	0.42	0.39	0.32
LJ－95	0.34	0.303	0.52	0.45	0.42	0.39	0.37	0.34	0.30	0.24
LJ－120	0.27	0.297	0.46	0.40	0.37	0.34	0.31	0.29	0.25	0.19

表 2－7　电压损耗配电方式计算系数 K_P

低压配电方式	三相三线制	三相四线制	单相二线制	两相三线制	单相三线制
额定电压（V）	380/220	380/220	220	380/220	440/220
计算系数 K_P	1.0	1.0	6.0	2.25	1.5

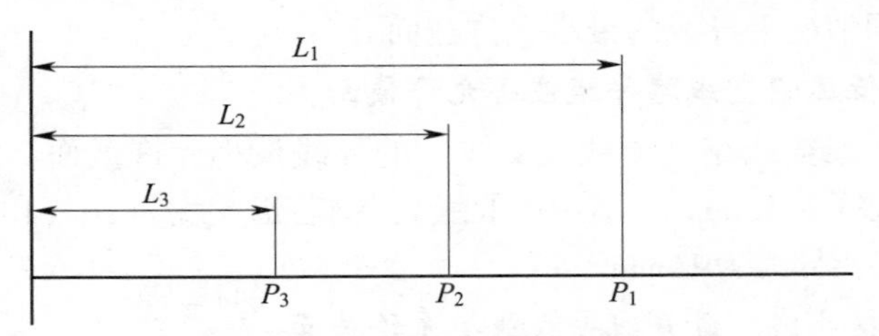

图 2－23　计算线路总负荷矩

2. 根据允许电压损耗选择导线截面

线路的电压损耗不应超过允许电压损耗。按允许电压损耗选择导线截面是计算电压损耗的反运算，即已知负荷和电压损耗，来计算、确定导线截面，其步骤如下：

（1）确定允许电压损耗，城市取 $\Delta U_y\% = 5\%$，农村取 $\Delta U_y\% = 7\%$；

（2）计算线路的负荷矩$\sum PL=\sum_{i=1}^{n}P_iL_i$，负荷均匀分布时，可省略这一步；

（3）计算允许单位电压损耗百分数。

由上述两式可得：

$$\Delta U_{0y}\%\leqslant\frac{\Delta U_y\%}{K_P\sum PL}\qquad(2-4)$$

$$\Delta U_{0y}\%\leqslant\frac{2\Delta U_y\%}{K_P\sum PL}\qquad(2-5)$$

式中：$\Delta U_{0y}\%$ ——允许单位电压损耗百分数，即每 1kW · km 负荷矩允许电压损耗。

（4）根据 $\Delta U_{0y}\%$ 值查表 2－6，表中单位电压损耗 $\Delta U_0\%\leqslant\Delta U_{0y}\%$ 的所对应导线的型号，即为所选的导线。

（三）按机械强度选择导线截面

导线在敷设过程中、敷设以后和检修时都会受到或大或小的机械力，为了导线的安全，限制导线断线事故，导线必须有一定的机械强度，导线截面不能过小。因此，各有关规程、标准规定了不同场所不同情况下导线的最小允许截面。

1．低压架空线路导线最小允许截面

低压架空线路（干线、支线）的导线最小允许截面：铝绞线、铝合金绞线为 16mm²（不用单股线），钢芯铝绞线为 16（10）mm²，架空绝缘铝导线为 16mm²。

2．接户线、进户线导线最小允许截面

村镇地区接户线和进户线的导线最小允许截面如表 2－8 所示。

表 2－8　接户线和进户线的导线最小允许截面（mm²）

架设方式	档距	钢线	铜线
自电杆引下	10m 及以下	2.5	6.0
	10～25m	4.0	10.0
沿墙敷设	6m 及以下	2.5	4.0

3. 室内外配线、地埋线导线最小允许截面

室内外配线、地埋线导线最小允许截面如表 2－9 所示。

表 2－9　室内外配线、地埋线导线最小允许截面（mm^2）

<table>
<tr><th colspan="2" rowspan="2">配线类型</th><th colspan="2">铝线</th><th colspan="2">铜线</th><th colspan="2">多股铜芯软线</th></tr>
<tr><th>室内</th><th>室外</th><th>室内</th><th>室外</th><th>室内</th><th>室外</th></tr>
<tr><td rowspan="5">夹板、瓷鼓绝缘子固定敷设配线两支撑点距离（m）</td><td>1.0</td><td>1.5</td><td>2.5</td><td>1.0</td><td>1.5</td><td rowspan="5">不宜使用</td><td rowspan="5">不宜使用</td></tr>
<tr><td>1～2</td><td>2.5</td><td>2.5</td><td>1.0</td><td>1.5</td></tr>
<tr><td>≤6</td><td>—</td><td>4.0</td><td>—</td><td>2.5</td></tr>
<tr><td>≤12</td><td>—</td><td>6.0</td><td>—</td><td>2.5</td></tr>
<tr><td>≤25</td><td>—</td><td>10.0</td><td>—</td><td>4.0</td></tr>
<tr><td colspan="2">槽板、管内配线</td><td colspan="2">2.5</td><td colspan="2">1.0</td><td colspan="2">不宜使用</td></tr>
<tr><td colspan="2">移动式用电设备引线</td><td colspan="3">不宜使用</td><td colspan="3">1.0</td></tr>
<tr><td colspan="2">地埋线</td><td colspan="2">4.0</td><td colspan="2">—</td><td colspan="2">—</td></tr>
</table>

三、中性线、保护线和保护中性线的截面选择

1. 中性线截面选择

（1）单相两线制电路中，无论相线截面大小，中性线截面都应与相线截面相同。

（2）三相四线制配电系统中，N 线的允许载流量不应小于线路中最大的不平衡负荷电流，且应计入谐波电流的影响。当相线导体不大于 $16mm^2$（铜）或 $25mm^2$（铝）时，中性线应选择与相线相等的截面。当相线导体大于 $16mm^2$（铜）或 $25mm^2$（铝）时，若中性线电流较小可选择小于相线截面，但不应小于相线截面的 50%，且不应小于 $16mm^2$（铜）或 $25mm^2$（铝）。

（3）三相平衡系统中，有可能存在谐波电流，影响最显著的是三次谐波电流——中性线三次谐波电流的数值等于相线谐波电流的 3 倍。选择导线截面时，应计入谐波电流的影响。当谐波电流较小时，仍可按相线电流选择导体截面，但计算电流应按基波电流除

以表 2 – 10 中的校正系数。当三次谐波电流超过 33% 时，它所引起的中性线电流超过基波的相电流，此时，应按中性线电流选择导体截面，计算电流同样要除以表 2 – 10 中的校正系数。

表 2 – 10　谐波电流的校正系数

三相电流中三次谐波分量（%）	校正系数		三相电流中三次谐波分量（%）	校正系数	
	按相线电流选择截面	按中性线电流选择截面		按相线电流选择截面	按中性线电流选择截面
0～15	1.0	—	33～45	—	1
15～33	0.86	—	≥45	—	0.86

注：表中数据仅适用于中性线与相线等截面的 4 芯或 5 芯电缆及穿管导线，并以三芯电缆或三线穿管的载流量为基础，即把整个回路的导体视为一综合发热体来考虑。

当谐波电流大于 10% 时，中性线的导体截面不应小于相线，例如，以气体放电灯为主的照明线路、变频调速设备、计算机及直流电源设备等的供电线路。

2. 保护线（PE 线）截面选择

保护线截面要满足单相短路电流通过时的短路热稳定性要求，PE 线截面按表 2 – 11 选择，表 2 – 11 适用于与相线材质相同的 PE 线截面选择，否则，PE 线截面的确定应符合国家现行规范的规定。

表 2 – 11　PE 线最小截面积

相线截面（mm^2）	$S \leqslant 16$	$16 < S \leqslant 35$	$S > 35$
PE 线截面（mm^2）	S	16	$\geqslant S/2$

当两个或更多回路共用一根保护线时，应根据回路中最严重的预期故障电流和短路电流及动作时间确定截面积。对应于回路中的最大相线截面时，按表 2 – 11 选择。

当 PE 线采用单芯绝缘导线时，按机械强度要求，截面不应小于下列数值：有机械性的保护时为 2.5mm^2（铜）或 16mm^2（铝）；无机械性的保护时为 4mm^2（铜）或 16mm^2（铝）。

3. 保护中性线（PEN线）截面选择

保护中性线截面选择应同时满足上述中性线和保护线的要求，取其中最大值。考虑到机械强度原因，在电气装置中固定使用的PEN线截面不应小于$10mm^2$（铜）或$16mm^2$（铝）。

四、几种截面选择方法的适用范围

1. 低压架空线路、地埋线、户内外配线选择导线应满足的条件

（1）导线的长期允许电流大于或等于最大长期持续电流。

（2）导线截面大于或等于导线最小允许截面。

上述两条是按安全要求提出的，必须满足。

（3）线路电压损耗小于或等于允许电压损耗。这一条是为保证电压质量（电压质量为重要指标）提出的，应当满足。

2. 各种低压线路适用的选择截面的方法

（1）低压架空线路：一般说来，当$\sum PL > 5kW \cdot km$、$L > 100m$时，用允许电压损耗选择导线截面。

（2）户内外配线一般是按允许电流选择截面，验算电压损耗。当从配电变压器低压母线引出的配线长度为100～150m时，按照允许载流量选择导线截面。从架空线路引下的接户线、进户线、村镇住宅户内配线可根据允许电流选择导线截面。

（3）低压地埋线一般按发热选择导线截面，验算电压损耗。当负荷矩较大，距离较远（5kW·km、100m以上）时可按允许电压损耗选择导线截面，校验允许电流。

第四节 低压保护装置的选择

一、村镇地区电气线路常见故障

电气线路和设备随着使用年限的延长，在各种物理化学因素（如机械损坏、受热或受潮等）和负荷电流的作用下，绝缘逐渐老化而失去作用，从而发生故障。常见的电气故障有单相短路、单相接地短路、两相及三相短路、电路漏电和断路等。这些故障如不及时排除，不仅影响正常供电，甚至会引发电气火灾。

容易引发短路故障的原因很多，包括：

（1）安装不合格规格，多股导线未捻紧、涮锡，压接不紧，有毛刺。

（2）相线、零线压接松动，距离过近，遇到某些外力，使其相碰造成短路。如螺口灯头的螺丝灯口与顶芯部分松动，装灯泡时扭动，而使顶芯与螺丝灯口的螺纹部分相碰，造成灯头内部短路。

（3）恶劣天气，如大风使绝缘支持物损坏及导线相互碰撞、摩擦，使导线绝缘损坏，出现短路；雨天，露天电器防水设施损坏，雨水进入造成短路。

（4）电气设备所处环境中有大量导电尘埃，或环境特别潮湿，造成短路故障。

（5）线路或设备年久失修，绝缘老化损坏等造成短路故障。

造成漏电故障的常见原因包括：年限过久导线绝缘老化；用电器具受潮或雨淋；穿墙进户电线及相交电线瓷管破损，外绝缘层磨破等；家用电器内部绝缘不良等。

因此，对于村镇地区的电气线路应采取过负荷保护、剩余电流动作保护、过电压保护、断线保护等，其作用就是保证村镇地区供电网络在正常运行状态下长期安全运行，一旦发生故障，保护装置可以迅速切断故障，缩小故障范围，避免电气火灾的发生，保证电气线路正常运行。

二、保护装置的选择原则

低压配电线路应根据不同故障类别和具体工程要求装设短路保护、过负荷保护、接地故障保护、过电压保护及欠电压保护，用于切断供电电源或发出报警信号。配电线路采用的上下级保护电器，其动作应具有选择性，各级之间应能协调配合；对于非重要负荷的保护电器，可采用无选择性切断。短路保护电器一般选用断路器或熔断器，过负荷保护一般由热继电器实现，接地故障保护由漏电保护装置完成，过电压保护由避雷器等实现，欠电压保护由欠电压保护器实现。

电气装置在供电系统中的装设地点、工作环境及运行要求尽管各不相同，但在设计和选择这些电气装置时都应遵守以下几种共同原则：

1. 按环境条件选择

在确定电气装置的规格型号时，必须考虑环境特征，如户外、户内、潮湿、高温、高寒、高海拔、易燃易爆危险环境等，有时还应考虑防火要求以及安装运行、维修、操作方便。

2. 按正常工作条件选择

为了保证电气装置的可靠运行，必须按正常工作条件选择。所谓正常工作条件，指的是正常工作电压和工作电流。按正常工作条件选择一般遵循如下原则；

（1）装置的额定电压U_{eg}应和安装地点网络的额定电压U_e匹配，即：

$$U_{eg} \geqslant U_e \tag{2-6}$$

（2）装置的额定电流I_{eg}应大于或等于正常工作时的最大负荷电流I_{gmax}，即：

$$I_{eg} \geqslant I_{gmax} \tag{2-7}$$

（3）我国电气装置的额定电流是按一定的环境温度确定的，当安装地点的实际温度与该环境温度不一致时，必须对I_{eg}进行温度修正，即：

$$I'_{eg} = I_{eg} \cdot \sqrt{\frac{\theta_{eg} - \theta_0}{\theta_{eg} - \theta_1}} \tag{2-8}$$

式中：I'_{eg}——环境温度为θ_0时，电器装置的允许电流，A；

θ_{eg}——电器装置的额定温度或允许的最高温度，℃；

θ_0——安装处的环境温度，℃；

θ_1——电气装置标准中所采用的环境温度，℃。

3. 按短路工作条件选择

对于可能通过短路电流的电器（如隔离开关、开关、断路器开关、接触器等)，应满足在短路条件下的短时和峰值耐受电流的要求，对于断开短路电流的保护电器（如低压熔断器)，应满足在短路条件下的分断能力要求。采用接通和分断安装处的预期短路电流验算电器在短路条件下的接通能力和分断能力，当短路点附近所接电动机额定电流之和超过短路电流的1%时，应计入电动机反馈电流的影响。

断开短路电流的电器（如断路器、熔断器、自动开关等)，要满足一定的断流能力。对可能通过短路电流的电器（如负荷开关、刀开关等)，还应按下列公式进行动稳定和热稳定校验，采用熔断器做保护装置的线路和设备，可以不校验动稳定和热稳定。

动稳定校验：
$$I_{egmax} \geqslant I_{ch} \text{或} i_{egmax} \geqslant i_{ch} \quad (2-9)$$

热稳定校验：
$$I_t^2 \cdot t \geqslant I_\infty^2 t_{jx} \text{或} I_t \geqslant I_\infty \sqrt{\frac{t_{jx}}{t}} \quad (2-10)$$

式中：I_{egmax}、i_{egmax}——设备允许通过最大电流的有效值、峰值；

I_{ch}、i_{ch}——短路冲击电流的有效值、峰值；

I_t——t 秒内的热稳定电流；

t——与 I_t 对应的时间；

I_∞——稳态短路电流；

t_{jx}——假想时间。

三、熔断器的选择

(一) 低压熔断器的保护特性

熔断器在低压配电线路中主要起短路保护作用。熔断器主要由熔体（熔丝）和放置熔体的绝缘管或绝缘座组成。使用时，熔断器串接在被保护的电路中，当通过熔体电流达到或超过了某一额定值，熔丝产生的热量使自身熔断，切断故障电流，达到保护目的。

(二) 熔断器的种类

村镇地区中常用的低压熔断器有瓷插式、螺旋式、无填料封闭管式、有填料封闭管式等。由于熔断器结构简单、价格便宜、维护方便以及尺寸小，在低压电路中得到广泛使用。

1. 瓷插式熔断器

瓷插式熔断器即插入式熔断器。这种熔断器具有结构简单、价格低廉、更换熔体方便等优点，被广泛用于照明电路和小容量电动机的短路保护。

瓷插式熔断器的外形和结构如图 2－24 所示，常用瓷插式熔断器的技术数据见表 2－12。

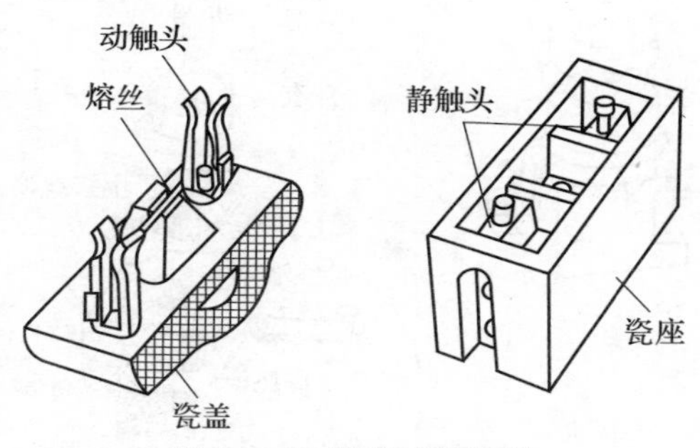

图 2－24　瓷插式熔断器

表 2－12　RCIA 型瓷插式熔断器的技术数据（A）

额定电流	熔体额定电流	分断电流①	额定电流	熔体额定电流	分断电流①
5	2、5	250	60	40、50、60	3000
10	2、4、6、10	500	100	80、100	3000
15	6、10、15	1500	200	120、150、200	3000

注：①为交流 380V 的极限分断电流。

2. 螺旋式熔断器

螺旋式熔断器是指带熔体的载熔件借螺旋纹旋入底座而固定于底座的熔断器，它实质上是一种有填料封闭式熔断器，具有断流能力大、体积小、熔丝熔断后能显示、更换熔丝方便、安全可靠等特点，广泛用于低压配电设备、机械设备的电气控制系统中的配电箱、控制箱及振动较大的场合，作为过载及短路保护元件。

螺旋式熔断器的外形和结构如图 2－25 所示，主要由瓷帽、熔管、瓷套、上接线端、下接线端和底座等组成。熔管为一瓷管，内装石英砂和熔体，熔体的两端焊在熔管两端的导电金属端盖上，其上端盖中央有一个熔断指示器，当电路分断时，指示器跳出，通过瓷帽上的玻璃窗口即可观察到。

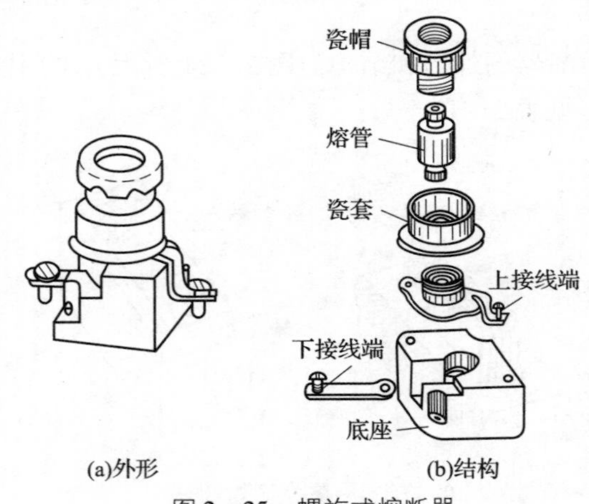

图 2－25　螺旋式熔断器

常用螺旋式熔断器的技术数据见表 2－13。

表 2－13　RL6 系列螺旋式熔断器的技术数据

型号	额定电压（V）	额定电流（A）	熔体的额定电流（A）	极限分断能力（kA）
RL6－25	500	25	2、4、6、10、16、20、25	50
RL6－63		63	35、50、63	
RL6－100		100	80、100	
RL6－200		200	125、160、200	

3. 无填料封闭管式熔断器

无填料封闭管式熔断器是一种可拆卸的熔断器，具有分断能力强、保护特性好、更换熔体方便和运行安全可靠等优点，常用于频繁发生过载和短路故障的场合。

常用的无填料封闭管式熔断器产品主要有 RM10 和 RM7 两个系列。RM10 系列无填料封闭管式熔断器的外形和结构如图 2－26 所示。

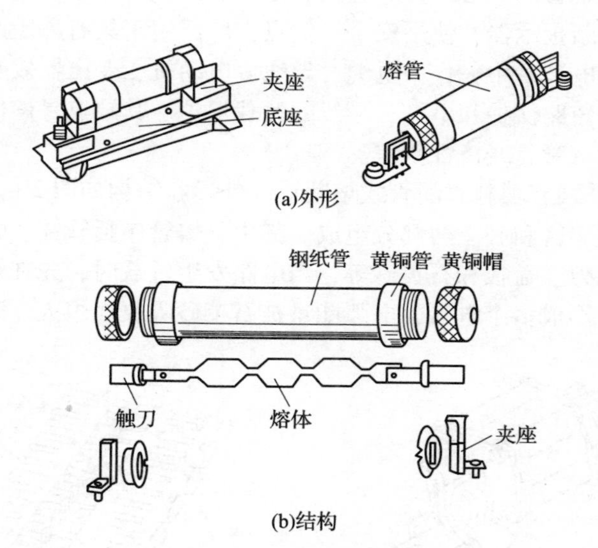

(a)外形

(b)结构

图 2－26　无填料封闭管式熔断器

常用无填料封闭管式熔断器的技术数据见表 2－14。

表 2－14　RM10 系列无填料封闭管式熔断器的技术数据

<table>
<tr><th>型号</th><th>额定电压
（V）</th><th>额定电流
（A）</th><th>熔体的额定电流
（A）</th><th>极限分断
能力（kA）</th></tr>
<tr><td>RM10－15</td><td rowspan="7">AC500、
380、220
DC 440、
220</td><td>15</td><td>6、10、15</td><td>1. 2</td></tr>
<tr><td>RM10－60</td><td>60</td><td>15、20、25、30、40、50、60</td><td>3. 5</td></tr>
<tr><td>RM10－100</td><td>100</td><td>60、80、100</td><td rowspan="3">10</td></tr>
<tr><td>RM10－200</td><td>200</td><td>100、125、160、200</td></tr>
<tr><td>RM10－350</td><td>350</td><td>200、240、260、300、500</td></tr>
<tr><td>RM10－600</td><td>600</td><td>350、430、500、600</td><td rowspan="2">12</td></tr>
<tr><td>RM10－1000</td><td>1000</td><td>600、700、850、1000</td></tr>
</table>

4. 有填料封闭管式熔断器

有填料封闭管式熔断器是指熔体被封闭在充有颗粒、粉末等灭弧填料的熔管内的熔断器。它具有分断能力强、保护特性好、带有醒目的熔断指示器、使用安全等优点，广泛用于具有高短路电流的电网或配电装置中，作为电缆、导线、电动机、变压器以及其他电器设备的短路保护和电缆、导线的过载保护。其缺点是熔体熔断后必须更换熔管，经济性较差。

RT 系列有填料封闭管式熔断器的外形和结构如图 2 – 27 所示，它主要由熔管和底座两部分组成。其中，熔管包括管体、熔体、指示器、触刀、盖板和石英砂等，当电路发生过载时，先在熔体锡桥处熔断，形成多个电弧，电弧能量被石英砂吸收而熄灭。当电路发

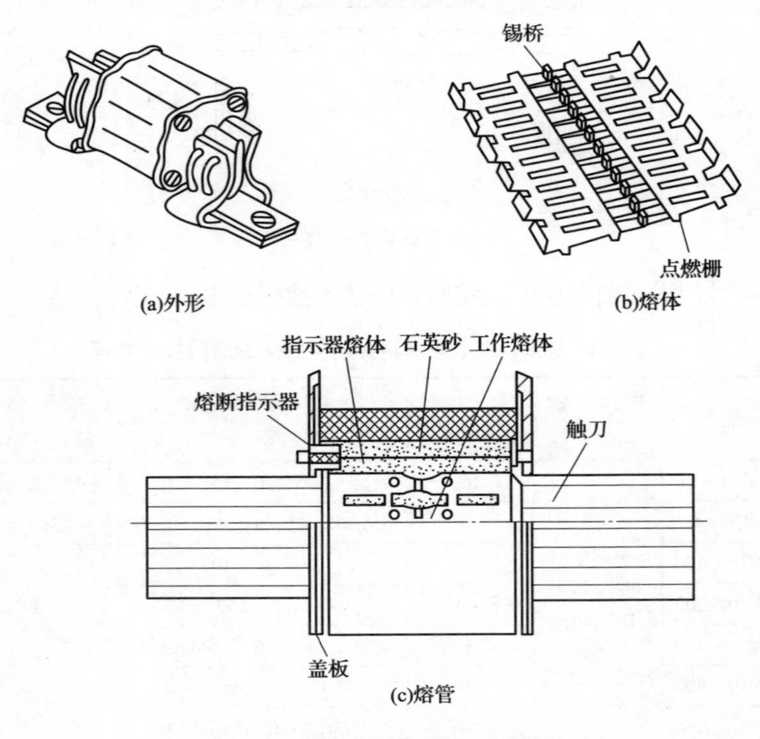

图 2 – 27　有填料封闭管式熔断器

生短路时，熔体截面小处迅速熔化，将电弧拉长，电弧能量同样被石英砂吸收而熄灭。另外，由于熔断器装有红色醒目的熔断指示器，从而可及时发现故障，以便迅速检修而恢复送电。

常用的有填料封闭管式熔断器的技术数据见表 2－15。

表 2－15 RT 系列有填料封闭管式熔断器的主要技术数据

型号	额定电压（V）	额定电流（A）	熔体的额定电流（A）	极限分断能力		备注
				kA	cosφ	
RT0	AC 380、660 DC 440	50 100 200 400 600	5、10、15、20、30、40、50 30、40、60、80、100 80、100、120、150、200 150、200、250、300、350、400 350、400、450、500、550、600	50	0.1～0.2	刀型触头
	AC 380 DC 440	1000	700、800、900、1000			
	AC 1140	200	30、60、80、100、120、160、200			
RT12	AC 415	30 32 63 100	2、4、6、10、16、20 20、25、32 32、40、50、63 63、80、100	80	0.1～0.2	螺栓连接式
RT14	AC 380	20 32 63	2、4、6、10、16、20 2、4、6、10、16、20、25、32 10、16、20、25、32、40、50、63	100	0.1～0.2	圆筒形帽式
RT15	AC 415	100 200 315 400	40、50、63、80、100 125、160、200 250、315 350、400	100	0.1～0.2	螺栓连接式

续表 2－15

型号	额定电压（V）	额定电流（A）	熔体的额定电流（A）	极限分断能力		备注
				kA	cosφ	
RT16（NT）	AC 500、600	160	4、6、10、16、20、25、35、40、50、63、100、125、160	50（660V）120（500V）	0.1～0.2	刀形触头、引进产品
		250	80、100、125、160、200、224、250			
		400	125、160、200、224、250、300、315、355、400			
		630	315、355、400、425、500、630			
	AC 380	1000	800、1000	100	0.1～0.2	

（三）熔断器的选择

1. 熔断器类型的选择

熔断器主要根据负载的情况和电路短路电流的大小来选择类型。例如，对于容量较小的照明线路或电动机的保护，宜采用 RCIA 系列插入式熔断器或 RM10 系列无填料封闭管式熔断器；对于短路电流较大的电路或有易燃气体的场合，宜采用具有高分断能力的 RL 系列螺旋式熔断器或 RT（包括 NT）系列有填料封闭管式熔断器；对于保护硅蒸馏器件及晶闸管的场合，应采用快速熔断器。

熔断器的形式也要考虑使用环境。例如，管式熔断器常用于大型设备及容量较大的变电场合；插入式熔断器常用于无振动的场合；螺旋式熔断器多用于机床配电；电子设备一般采用熔丝座。

2. 熔断器额定电压的选择

熔断器的额定电压应大于或等于所在电路的额定电压。

3. 熔断器额定电流的选择

熔断器熔体在短路电流作用下应可靠熔断，起到应有的保护作用，如果熔体选择偏大，负载长期过负荷，熔体不能及时熔断；如果熔体选择偏小，在正常负载电流作用下就会熔断。为保证设备的正常运行，必须根据设备的性质合理选择熔体。

（1）照明电路。

①电灯支路：熔体额定电流不小于支路上所有电灯的工作电流之和。

②电灯干线：装于电度表出线处的熔体额定电流 =（0.9～1.0）×电度表额定电流，大于全部电灯的工作电流。

（2）电动机电路。

①单台直接启动电动机：熔体额定电流 =（1.5～2.5）×电动机额定电流。

②多台直接启动电动机：总熔体额定电流 =（1.5～2.5）×功率最大的电动机额定电流 + 其余电动机额定电流之和。

③降压启动电动机：熔体额定电流 =（1.5～2.0）×电动机额定电流。

（3）配电变压器低压侧。

熔体额定电流 =（1.0～1.2）×变压器低压侧额定电流。

（4）电热设备。

熔体额定电流不应小于电热设备额定电流。

4. 熔断器保护与被保护线路的配合

熔断器只做短路保护时，熔体额定电流不应大于电缆或穿管绝缘导线长期允许电流值的 2.5 倍，或明敷绝缘导线长期允许电流值的 1.5 倍。熔断器不仅作短路保护，还作为过负荷保护时，熔体额定电路不应大于绝缘导线或电缆长期允许电流值的 0.8 倍。

四、低压断路器的选择

（一）低压断路器的用途

低压断路器又称自动空气开关，可以接通、承载以及分断正常电路条件下的电流，也能在规定的非正常电路条件（例如短路）

下接通，承载一定时间的分断电流，主要用于配电线路和电气设备的过负荷、欠电压、单相接地和短路保护，常在配电箱中作为总开关和分支开关及保护使用。

(二) 低压断路器的分类

断路器的种类繁多，按其用途分类可分为：配电线路保护用、电动机保护用、照明线路保护用及漏电保护用等几种。

按结构型式来分，常用的有万能式和塑料外壳式两大类。断路器的基本结构主要由触头系统、操作机构、脱扣器和灭弧装置等组成。其工作原理是通过电磁脱扣器自动脱扣进行自动保护的，不仅分断能力强，而且动作值可调整，动作后不需要更换熔体，因此应用非常广泛。断路器的外形如图 2－28 所示。

(a) 万能式断路器

(b) 塑料外壳式断路器

图 2－28 断路器外形图

1. 万能式断路器

万能式断路器又称为框架式断路器。此类断路器一般都有一个钢制的框架（小容量的也可以用塑料底板加金属支架构成），所有零部件均安装在此框架内。其容量较大，可装饰多种功能的脱扣器和较多的辅助触头，有较高的分断能力和热稳定性，所以常用于要求较高分断能力和选择性保护的场合。DW15 系列万能式断路器的技术数据见表 2－16。

表 2－16 DW15 系列万能式断路器的技术数据

<table>
<tr><th rowspan="2">型号</th><th rowspan="2">额定电压（V）</th><th rowspan="2">壳架电流（A）</th><th colspan="2">脱扣器额定电流（A）</th><th rowspan="2">380V 极限通断能力（kA）</th><th rowspan="2">机械寿命（次）</th><th rowspan="2">电寿命（次）</th><th rowspan="2">瞬时分断时间（ms）</th></tr>
<tr><th>热－磁型</th><th>电子型</th></tr>
<tr><td>DW15－200</td><td>1140</td><td>200</td><td>100、160、200</td><td>100、200</td><td>20</td><td>20000</td><td>2000</td><td rowspan="3">30</td></tr>
<tr><td>DW15－400</td><td>380</td><td>400</td><td>315、400</td><td>200、400</td><td>25</td><td>10000</td><td>1000</td></tr>
<tr><td>DW15－630</td><td>600</td><td>630</td><td>315、400、600</td><td>315、400、630</td><td>30</td><td>10000</td><td>1000</td></tr>
</table>

2. 塑料外壳式断路器

塑料外壳式断路器又称装置式断路器，此类断路器的所有零部件都安装在一个塑料外壳中，没有裸露的带电部分，使用比较安全，它与万能式断路器相比，具有结构紧凑、体积小、操作简便、安全可靠等特点，缺点是通断能力比万能式断路器低，保护和操作方式较少。

DZ 系列塑料外壳式断路器主要在电力系统中作配电及保护电动机之用，也可作为线路的不频繁转换控制开关及电动机的不频繁起动用。DZ15 系列塑料外壳式断路器的技术数据见表 2－17。

表 2－17 DZ15 系列塑料外壳式断路器的技术数据

<table>
<tr><th>型号</th><th>额定电压（V）</th><th>壳架电流（A）</th><th>极数</th><th>脱扣器额定电流（A）</th><th>额定极限通断能力（kA）</th><th>电气、机械寿命（次）</th></tr>
<tr><td>DW15－40/1</td><td>220</td><td rowspan="4">40</td><td>1</td><td rowspan="4">6、10、16、20、25、32、40</td><td rowspan="4">3</td><td rowspan="4">15000</td></tr>
<tr><td>DW15－40/2</td><td rowspan="3">380</td><td>2</td></tr>
<tr><td>DW15－40/3</td><td>3</td></tr>
<tr><td>DW15－40/4</td><td>4</td></tr>
</table>

续表 2-17

型号	额定电压（V）	壳架电流（A）	极数	脱扣器额定电流（A）	额定极限通断能力（kA）	电气、机械寿命（次）
DW15-63/1	220	63	1	10、16、20、25、32、40、50、63	5（DZ15-63）、10（DZG15-63）	10000
DW15-63/2	380		2			
DW15-63/3			3			
DW15-63/4			4			
DW15-100/3	380	100	3	80、100	6（DZ15-100）、10（DZG15-100）	10000
DW15-100/4			4			

（三）低压断路器的选择

低压断路器用于过载和短路保护，如果选用不当，可能会发生误动作或不动作，失去保护作用，使得故障持续存在，甚至引发电气火灾。因此，应根据具体使用条件、与相邻电器的配合以及断路器的结构特点等因素，选择最合适的断路器的类型。

1. 类型的选择

应根据电路的额定电流、保护要求和断路器的结构特点来选择断路器的类型。对于额定电流600A以下，短路电路不大的场合，一般选用塑料外壳式断路器；若额定电流比较大，则应选用万能式断路器；若短路电流相当大，则应选用限流式断路器；在有漏电保护要求时，还应选用漏电保护式断路器。因此，万能式断路器常用作主干线开关，塑料外壳式断路器常用作支路开关之用。

需要说明的是，近年来，塑料外壳式断路器的额定电流等级在不断地提高，现已出现了不少大容量塑料外壳式断路器，而对于万能式断路器则由于新技术、新材料的应用，体积、重量也在不断减小。从目前情况来看，如果选用时注重选择性，应选用万能式断路器；而如果注重体积小，要求价格便宜，则应选用塑料外壳式断路器。

2. 电气参数的确定

应根据额定工作电压、脱扣器的类型和整定电流等选择断路器的型号。低压断路器参数的选择整定包括额定电压、额定电流(主触头长期允许通过的电流)、长延时脱扣器的动作电流（脱扣器不动作时，长期允许通过的最大电流)、瞬时脱扣器动作电流(线路电流达到该值断路器瞬时跳闸）的确定。

选用任何断路器都必须遵守的原则：

（1）断路器额定电压不小于线路的额定电压；

（2）断路器额定电流不小于负载工作电流；

（3）断路器脱扣器额定电流及长延时脱扣器的动作电流不小于负载工作电流，长延时脱扣器的动作电流不大于导线允许载流量；

（4）断路器额定短路通断能力不小于线路中可能出现的最大短路电流；

（5）线路末端单相对地短路电流 ÷ 断路器瞬时（或短路时）脱扣器动作电流不小于1.25；

（6）断路器用于照明线路或一般配电线路：

长延时脱扣器动作电流 = 负载工作电流；

瞬时脱扣器动作电流 =6 × 长延时脱扣器动作电流；

（7）断路器用于保护三相交流电动机线路：

长延时脱扣器动作电流 = 电动机额定电流；

瞬时脱扣器动作电流 =（8 ~15）× 长延时脱扣器动作电流；

（8）断路器用作配电变压器低压侧总开关：

长延时脱扣器动作电流 = 变压器低压侧额定电流；

短延时脱扣器动作电流 =（3 ~4）× 长延时脱扣器动作电流，动作时间为0.4 ~0.6s；

瞬时脱扣器动作电流 =（5 ~6）× 长延时脱扣器动作电流。

五、漏电保护器的选择

（一）漏电保护器的用途

漏电保护器是在规定的条件下，当漏电电流达到或超过给定值时，能自动断开电路的机械开关电器或组合电器。

漏电保护器的功能是，当发生人身（相与地之间）触电或设备（对地）漏电时，能迅速地切断电源，使触电者脱离危险或使漏电设备停止运行，从而可以避免因触电、漏电引起的人身伤亡事故、设备损坏以及火灾。漏电保护器通常安装在中性点直接接地的三相四线制低压电网中，提供间接接触保护。当其额定动作电流在30mA及以下时，也可以作为直接接触保护的补充保护。

（二）漏电保护器的结构和工作原理

1. 漏电保护器的结构

漏电保护器的种类繁多、形式各异。按照动作原理，漏电保护器可分为电压型、电流型和脉冲型。按照结构，可分为电磁式和电子式。其中，电磁式电流型漏电保护器因可靠性高、抗干扰能力强、工作稳定而获得了广泛应用，其外形如图2－29所示。

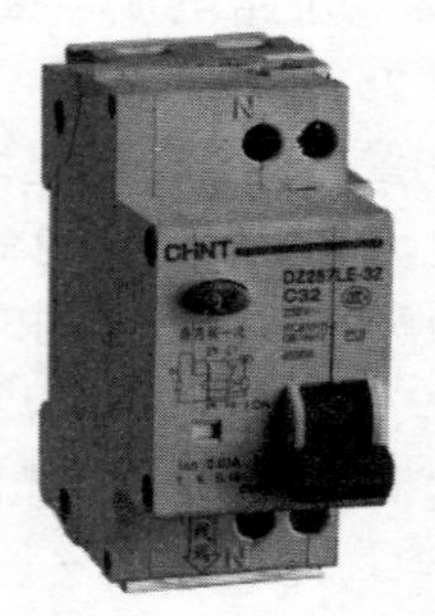

图2－29 漏电保护器

漏电保护器主要由三个基本环节组成：检测元件、中间环节和执行机构，其组成框图如图2－30所示。

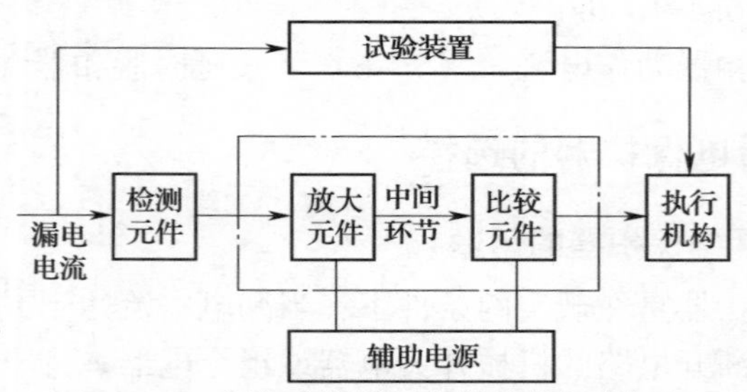

图2－30 电流动作型漏电保护器组成框图

（1）检测元件。检测元件为零序电流互感器，由封闭的环形铁心和一次、二次绕组构成，如图2－31所示。一次绕组中有被保护电路的相线电流流过，二次绕组由漆包线均匀绕制而成。互感器的作用是把检测到的漏电电流信号变换为中间环节可以接收的电压或功率信号。

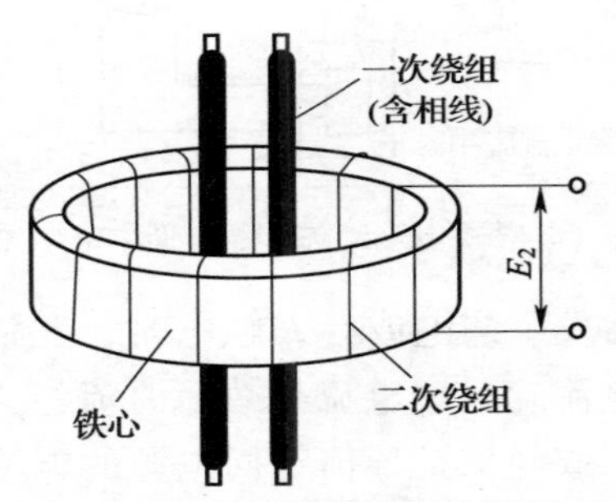

图2－31　零序电流互感器结构原理图

（2）中间环节。中间环节的主要功能是对漏电信号进行处理，包括变换和比较，有时还需要放大。因此，中间环节通常包括放大器、比较器及脱扣器（或继电器）等，某一具体形式的漏电保护器的中间环节是不同的。

（3）执行机构。执行机构为一触头系统，多为带有分励脱扣器的低压断路器或交流接触器。其功能室受中间环节的指令控制，用以切断被保护电路的电源。

2. 漏电保护器的工作原理

电磁式电流动作型漏电保护器的工作原理如图2－32所示，其结构是在普通的塑料外壳式断路器中增加一个零序电流互感器和一个剩余电流脱扣器（又称漏电脱扣器）。

在被保护电路工作正常、没有发生漏电或触电的情况下，由基尔霍夫定律可知，通过零序电流互感器一次侧电流的相量和等于零，这使得零序电流互感器铁心中磁通的相量和也为零，零序电流互感器二次侧不产生感应电动势。漏电保护装置不动作，系统保持正常供电。

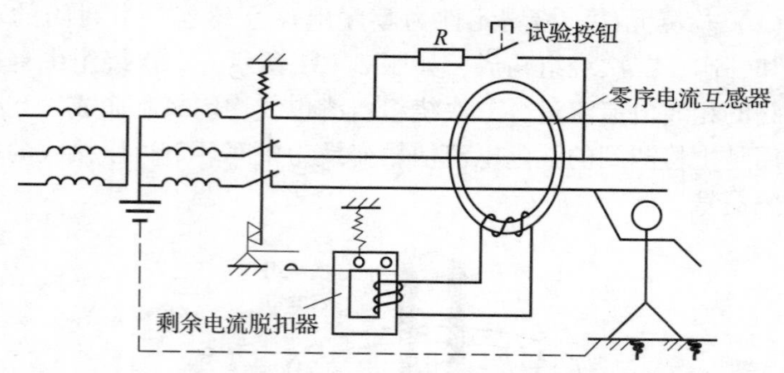

图 2-32 电磁式电流动作型漏电保护器工作原理图

当被保护电路发生漏电或有人触电时，三相电流的平衡遭到破坏，出现零序电流。零序电流是故障时流经人体，或流经故障接地点流入地下，或经保护导体返回电源的电流。由于漏电电流的存在，通过零序电流互感器一次侧各项负载电流的相量和不再等于零，即产生了剩余电流。剩余电流是零序电流的一部分，这电流就导致了零序电流互感器铁心中的磁通相量和也不再为零，即在铁心中出现了交变磁通。在此交变磁通作用下，零序电流互感器二次侧线圈就有感应电动势产生。此漏电信号经中间环节进行处理和比较，当达到预定值时，使主开关的分励脱扣器线圈通电，驱动主开关自动跳闸，迅速切断被保护电路的供电电源，从而实现保护。

（三）漏电保护器的选择

漏电保护器兼有断路器和漏电保护两方面的功能，故其选择除按断路器一般条件确定相关参数外，还应对漏电保护动作电流进行整定。漏电保护动作电流越小，安全保护性能越高，但是任何配电线路和用电设备都有一定的正常泄漏电流，当所选漏电保护器动作电流小于线路正常工作的泄漏电流时，漏电保护器将无法投入运行。根据经验，普通住宅及多层单元住宅通常选择漏电动作电流30mA、额定工作电流6～25A的漏电保护器；对木结构住宅，漏电动作电流可选为15mA。

（四）漏电保护器的安装

1．家用漏电保护器的安装比较简单，但应注意电源进线必须接漏电保护器外壳上标有“电源”的一方，出线应接标有“负载”的一方，不可接反。

2．安装位置应干燥、通风、无振动。

3．漏电断路器安装好后应进行试跳，试跳方法是在带电状态下，将试跳按钮按下，如漏电断路器开关跳开，则为正常。如发现拒跳，说明漏电断路器有故障，没有保护作用，应检查原因，更换或送修理单位修理。日常使用中，也应定期进行这种检查。

4．正常使用中出现漏电保护器跳闸动作时，应先检查漏电指示按钮，若按钮已跳起凸出，说明线路中有漏电或触电故障，只有排除故障后才能将漏电指示按钮按下复位，重新合闸。漏电指示按钮没有凸出，则说明非漏电动作而是线路出现过载故障。若出现频繁跳闸切忌自行拆除漏电保护器，应该通知专业电工检查室内线路和用电设备，排除故障。

六、雷电防护措施

在城市中各类建（构）筑物普遍设有防雷装置，避雷针、避雷带随处可见。各种防雷装置犹如构筑了一个庞大的防雷体系在整个城市中起到“保护神”的作用。但在村镇地区，房屋多为农民自己修建的，由于防雷知识的缺乏，经济条件的制约，在建设时房屋根本没有任何的雷电防护装置。许多农民还在屋顶上安装铁皮水箱、太阳能热水器，或类似小铁塔的建筑，这些设施往往没有接地避雷设施，存在安全隐患。一些偏远地区的农民为增加电视节目的接收效果，将电视接收天线架设在屋顶上方高于屋顶十余米的位置，一旦有雷暴产生，雷电极易与金属接收天线接闪，再由天线引入室内，造成电视机及室内其他设施损毁及人员伤亡。村镇地区的电力线、广播线、通信线，很多是由较为空旷的农田里电杆架空支撑引入，雷暴在空旷的农田上闪击后会经这些架空电力线、电话线引入室内，造成室内设备损毁，引起火灾的发生，甚至导致人员伤亡。因此，对村镇地区的建筑需设置相应的防雷装置。

（一）外部防雷装置

防雷的基本思想是疏导，即设法构成通路将雷电流引入大地，从而避免雷击的破坏。防雷装置由接闪器、引下线和接地装置三部分组成，三者各司其职，缺一不可。

1. 接闪器

接闪器就是专门直接接受雷击的金属导体。接闪器利用其高出被保护物的突出地位把雷电引向自身，然后通过引下线和接地装置把雷电流泄入大地，以保护被保护物免受雷击。接闪器的常见形式有独立避雷针、架空避雷线、架空避雷网和直接装设在建筑物上的避雷针、避雷带或避雷网。避雷针主要用来保护露天发电、变配电装置和建筑物；避雷线对电力线路等较长的保护物最为适用；避雷网和避雷带主要用于保护建筑物。除第一类防雷建筑物外，有金属屋面的建筑物也可以用其金属屋面作为接闪器。除第一类防雷建筑物和突出屋面排放爆炸危险气体、蒸气或粉尘的放散管、呼吸阀、排风管等管道应符合规定外，屋顶上永久性金属物，如旗杆、栏杆、装饰物等宜作为接闪器，其各部件之间均应连成电气通路。但不得利用广播电视共用天线杆顶上的接闪器保护建筑物。

避雷针宜采用热镀锌圆钢或钢管制成，其直径应符合下列规定：杆长1m以下时，圆钢不应小于12mm，钢管不应小于20mm；杆长1～2m时，圆钢不应小于16mm，钢管不应小于25mm；独立烟囱顶上的杆，圆钢不应小于20mm，钢管不应小于40mm。

避雷线一般采用截面积不小于50mm^{2}的镀锌钢绞线，架设在被保护物的上方，以保护其免遭直接雷击。由于避雷线架空敷设而且接地，所以又称架空地线。

避雷带通常是沿建筑物易受雷击的部位，如屋角、屋脊、屋檐和檐角等处，敷设的带状导体，通常采用圆钢或扁钢。避雷网是将建筑物屋面上纵、横敷设的避雷带组成网格，其网格大小与建筑物的防雷类别有关。避雷网和避雷带宜优先采用圆钢。圆钢直径不应小于8mm，扁钢截面不应小于50mm^2，其厚度不应小于4mm。当烟囱上采用避雷环时，其圆钢直径不应小于 12mm，扁钢截面不应小于 $100mm^2$，其厚度不应小于 4mm。

除第一类防雷建筑外，有金属屋面的建筑物宜利用其屋面作为接闪器。但是当利用金属屋面做接闪器时应符合下列要求：板间的连接应是持久的电气贯通，可采用铜锌合金焊、熔焊、卷边压接、缝接、螺钉或螺栓连接；金属板下面无易燃物品时，铅板的厚度不应小于 2mm，不锈钢、热镀锌钢、钛和铜板的厚度不应小于 0. 5mm，铝板的厚度不应小于 0. 65mm，锌板的厚度不应小于 0. 7mm；金属板下面有易燃物品时，不锈钢、热镀锌钢和钛板的厚度不应小于 4mm，铜板的厚度不应小于 5mm，铝板的厚度不应小于 7mm；金属板应无绝缘被覆层，但薄的油漆保护层或 1mm 厚沥青层或 0. 5mm 厚聚氯乙烯层均不应属于绝缘被覆层。

2. 引下线

引下线是连接接闪器与接地装置的金属导体，应满足机械强度、耐腐蚀和热稳定性的要求。引下线一般采用热镀锌圆钢或扁钢，宜优先采用圆钢。圆钢直径不应小于 8mm。扁钢截面不应小于 $50mm^2$，其厚度不应小于 2. 5mm。当独立烟囱上的引下线采用圆钢时，其直径不应小于 12mm；采用扁钢时，其截面不应小于 $100mm^2$，厚度不应小于 4mm。除利用混凝土构件钢筋或在混凝土内专设钢材作引下线外，钢制引下线应热镀锌。在腐蚀性较强的场所，尚应采取加大截面或其他防腐措施。

3. 接地装置

接地装置可用扁钢、圆钢、角钢、钢管等钢材制成。接地装置可使用人工接地体和自然接地体。为了达到接地的目的，人为地埋入地中的金属件如钢管、角钢、扁钢、圆钢等称为人工接地体。兼做接地体用的直接与大地接触的各种金属构件、金属井管、钢筋混凝土建筑物的基础、金属管道和设备等称为自然接地体。电力设备或杆塔的接地螺栓与接地体或零线连接用的金属导体，称为接地线。接地体和接地线的总和称为接地装置。

人工接地体一般分两种埋设方式，一种是垂直埋设，称为人工垂直接地体；另一种是水平埋设，称为人工水平接地体。埋于土壤中的人工垂直接地体宜采用热镀锌角钢、钢管或圆钢；埋于土壤中的人工水平接地体宜采用热镀锌扁钢或圆钢。圆钢直径不应小于14mm；扁钢截面不应小于$90mm^2$，其厚度不应小于3mm；钢管壁厚不应小于2mm。接地线应与水平接地体的截面相同。人工接地体在土壤中的埋设深度不应小于0.5m。接地体宜远离由于烧窑、烟道等高温影响使土壤电阻率升高的地方。人工钢质垂直接地体的长度宜为2.5m。人工垂直接地体间的距离及人工水平接地体间的距离宜为5m，当受地方限制时可适当减小。

4. 村镇地区具体做法

在山区，垂直式接地体很难打入地下，应优先选择水平式。另外，无论是山区还是平原，更好的做法是，将相邻的多家房屋的接地装置连接到一起，大家共用。多家联合接地，不仅可以极大地提高接地装置的泄流能力，且安全性、可靠性更有保证。

建房过程中如果能利用建筑物的主体钢筋作为防雷装置的接闪、引下线和接地系统，就既确保了防雷安全，效果好，又节约开支。具体做法是，选择屋顶圈梁中2～4根主筋与楼板中的分主筋焊接，在屋顶形成不大于10mm×10m的网格做接闪器，柱子中主筋上下通焊做引下线，利用基础梁中通焊的2～4根主筋做接地体，三部分可靠焊接为一个整体，同时屋顶的金属架如天线支架、太阳能支架及金属装饰物等均与接闪装置可靠焊接。

除了住宅外，村镇地区的有些大牲畜饲养棚、蔬菜大棚、仓库常采用有金属板屋顶或金属构架或其他金属结构件，对这些金属材料也要做好接地。

（二）防雷电感应

雷电感应的危险在于它可能感应出相当高的电压，由此发生火花放电引发爆炸事故。

建筑物在遭受直接雷击到外部防雷系统时，在外部防雷系统的任意一点处均有瞬态电位的抬高，闪电电流在引下线、接地体或建筑物的金属管道等导体上产生非常高的电压，如果引下线与其周围电气设备之间安全距离不够，且设备又不与避雷针系统共地，则两者之间就会出现很高的电压并会发生放电击穿，造成反击现象。

等电位连接是防雷电感应的重要措施，是用连接导线或过电压保护器将处在需要防雷的空间内的防雷装置、建筑物的金属构架、金属装置、外来导电物、电气和电信装置等连接起来。等电位连接的目的是实现均压，减小需要防雷的空间内各金属物和各系统之间的电位差。可在同一楼层、同一房间内的四周设置闭环接地母线带，同一房间内的所有仪器、设备的壳体、电力电缆、信号电缆的外皮和金属管道等应分别直接就近连接到接地母线上，并连接牢固，以保证各个接地点的等电位。等电位连接可采用焊接、螺栓连接和熔接等方法，连接导体的尺寸与其所在位置、与估算流过的雷电流的量有关。

（三）防雷电波侵入

采用避雷器可以有效地防止雷电波侵入的危害。避雷器是一种专用的防雷设备，主要用来保护电力设备，也用作防止雷电波沿架空线侵入建筑物内的安全设施。

避雷器并联装设在被保护物电源引入端，其上端接在电源线路上，下端接地。正常情况时，避雷器的间隙保持绝缘状态，不影响电力系统的运行。当因雷击有高压雷电波沿线路袭来时，避雷器间隙被击穿而接地，切断冲击波，这时能够进入被保护电气设备的电压，仅为雷电波通过避雷器及其引线和接地装置产生的残压。雷电流通过以后，避雷器间隙又恢复绝缘状态，电力系统则可正常运行。

第五节　接 地 安 全

随着村镇地区经济的发展，村镇地区使用电气设备的种类、数量也越来越多。在使用电能中的不安全行为会导致人员的伤亡、设备的损坏甚至是火灾的发生，因此需要采取必要的安全防护措施。

接地就是保证电气设备和人员安全用电的重要保护措施。

一、用电设备的接地分类和要求

(一) 接地与接零

接地与接零是保证电气设备和人员安全用电的重要保护措施。所谓接地，就是把电气设备的某部分通过接地装置与大地连接起来。而接零是指在中性点直接接地的三相四线制供电系统中，将电气设备的金属外壳、金属构架等与零线连接起来。

1. 接地的方式

根据接地的作用不同，接地方式可分为工作接地、保护接地和防雷接地。

(1) 工作接地。为了保证电气设备的正常工作，将电路中的某一点通过接地装置与大地可靠地连接起来，称为工作接地。例如在三相四线制供电系统中，将变压器低压侧的中性点直接接地，就是工作接地，如图 2－33 所示。

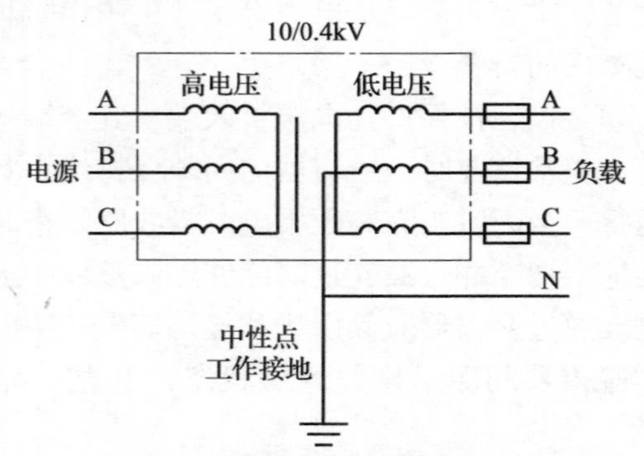

图 2－33　变压器低压侧中性点接地

(2) 保护接地。为了保障人身安全，防止间接触电事故，将电气设备外露可导电部分如金属外壳、金属构架等，通过接地装置与大地可靠地连接起来，称为保护接地。电动机的保护接地如图 2－34 所示。这种保护接地广泛用于中性点不接地的三相三线制中。对电气设备采取保护接地措施后，如果这些设备因受潮或绝缘损坏而使金属外壳带电，那么电流会通过接地装置流入大地，只要控制好接地电阻的大小，那么金属外壳的对地电压会限制在安全数值以内，从而保证了人身安全。

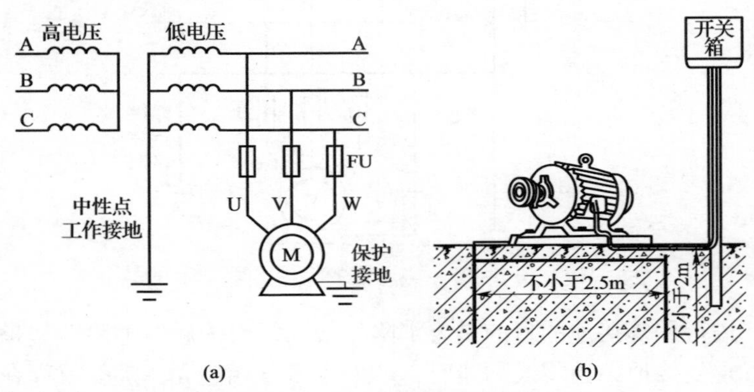

图 2－34　电动机的保护接地

（3）防雷接地。为了防止电气设备和建筑物因遭受雷击而损坏，将避雷针、避雷线、避雷器等设备进行接地，称为防雷接地。

2. 保护接零和重复接地

（1）保护接零。在三相四线制供电系统中，若用电设备外壳未与零线连接，当设备的一相绝缘损坏而与外壳相碰接时，一旦人触摸外壳，那么加在人体上的电压近似为相电压，就会造成单相触电事故。因此，在中性点直接接地的三相四线制供电系统中，应将用电设备的金属外壳、金属构架等与零线连接，这是保护接零。电动机的保护接零如图 2－35 所示。

保护接零必须与其他保护装置（如漏电保护器、熔断器、断路器等）配合使用，才能保证安全。当电气设备采取接零保护后，一旦某相碰壳，该相的短路电流将使电路中的保护装置动作，断开电源，消除触电的危险。

（2）重复接地。在中性点直接接地的低压电网中，为了确保安全，还应在零线的其他地方进行三点以上的接地，这种接地称为重复接地，如图 2－35 所示。

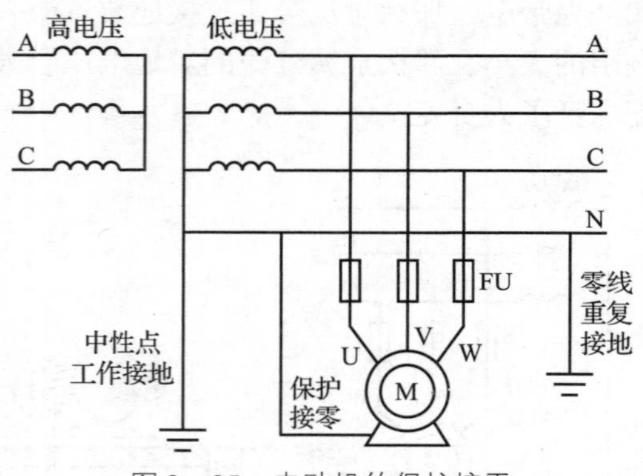

图 2-35 电动机的保护接零

进行重复接地的目的是要消除零线断线时的触电危险。如果不设置重复接地，当零线断线时，若发生了某相碰壳，那么就存在单相触电的危险；此时若设置了重复接地，该相的短路电流可通过重复接地装置流入大地，巨大的短路电流还可使电路中的保护装置动作，切断电源，消除触电的危险。

3. 电气设备接地的一般要求

（1）电气设备一般应接地或接零，以保护人身和设备的安全。一般三相四线制供电的系统应采用保护接零，重复接地。但是由于三相负载不易平衡，零线会有电流，导致触电。因此推荐使用三相五线制，工作零线和保护零线（有时人们往往称其为地线）都应重复接地。三相三线供电系统的电气设备应采用保护接地。三线制直流回路的中性线宜直接接地。

（2）不同用途、不同电压的电气设备，除另有规定者外，应使用一个总的接地体，接地电阻应符合其中最小值的要求。

（3）如因条件限制，接地有困难时，允许设置操作和维护电气设备用的绝缘台，其周围应尽量使操作人员没有偶然触及外物的可能。

（4）低压电网的中性点可直接接地或不接地。220/380V 低压电网的中性点应直接接地。中性点直接接地的低压电网，应装设能迅速自动切除接地短路故障的保护装置。

（5）中性点直接接地的低压电网中，电气设备的外壳应采用接零保护；中性点不接地的电网，电气设备的外壳应采用保护接地。由同一发电机、同一变压器或同一段母线供电的低压线路，不应同时采用接零和接地两种保护。在低压电网中，全部采用接零保护确有困难时，也可同时采用接零和接地两种保护方式，但不接零的电气设备或线段，应装设能自动切除接地故障的装置，一般为漏电保护装置。在城防、人防等潮湿场所或条件特别恶劣场所的电网，电气设备的外壳应采用保护接零。

（6）在中性点直接接地的低压电网中，除另有规定和移动式电气设备外，零线应在电源进户处重复接地。在架空线路的干线和分支线的终端及沿线每 1km 处，零线应重复接地。电缆和架空线在引入车间或大型建筑物入口处，零线应重复接地，或在屋内将零线与配电屏、控制屏的接地装置相连。高低压线路同杆架设时，在终端杆上，低压线路的零线应重复接地。中性点直接接地的低压电网中以及高低压同杆的电网中，钢筋混凝土杆的铁横担和金属杆应与零线连接，钢筋混凝土杆的钢筋应与零线连接。

4. 保护接地的范围

电气设备的下列金属部分应进行保护接地：电机、变压器、电器、携带式及移动式用电器具的金属外壳；电气设备的传动装置；配电屏和控制屏的金属框架；室内外配电装置的金属构架、靠近带电部分的金属围栏和金属门；电缆的外皮及电力电缆接线盒、终端盒的金属外壳；电力线路的金属保护管及敷线的钢索；装有避雷线的电力线路杆塔；居民区的钢筋混凝土和金属杆塔；安装在电力线路杆塔上的开关、电容器等电力装置的外壳及支架；互感器的二次线圈。

（二）接地装置的安全要求

接地是通过接地装置来实现的，接地装置是由埋在地下的接地体和连接接地体与电气设备的接地线组成。

1. 接地体

接地体又称为接地极。接地体分为自然接地体和人工接地体。电气设备的接地应尽量利用自然接地体，以便节约钢材和节省接地安装费用。

(1) 自然接地体为埋设在地下与土壤有紧密接触的金属管道(有可燃或易燃介质的管道除外)、建筑物的金属结构以及埋在地下的电缆金属外皮等。

(2) 人工接地体是由钢材或镀锌材料制成的形状各异的钢条。最简单的一种人工接地体是垂直圆钢管。在一般情况下，人工接地体多采用垂直埋设。

2. 接地线

(1) 电气设备的金属外壳保护接地线的选用应符合规定。

(2) 输配电系统工作接地线的选用应按下列规定：配电变压器低压侧中性点的接地支线要用截面积为35mm^2的裸铜绞线；容量在100kV · A以下的变压器中性点接地支线可用截面积为25mm^2的裸铜绞线。10kV避雷器的接地线可采用铜芯、铝芯的裸线或绝缘线。若选用扁钢、圆钢做接地线，其截面积不应小于16mm^2；用做避雷针的接地线，其截面积不应小于25mm^2。

3. 接地电阻

接地电阻越小越好，因此规定了各接地系统最大允许接地电阻值。交流中性点接地的工作接地、低压电力设备的保护接地以及常用低压电力设备的共同接地的接地电阻不应大于4Ω，PE线或PEN线的重复接地电阻不应大于10Ω，防静电接地电阻不应大于100Ω。

4. 接地装置的安装

(1) 2台及2台以上电气设备的接地线必须单独与接地装置连接，禁止把几台电气设备的接地线串联连接后接地，以免其中一台设备的接地线在检修或更换等情况下被拆开时. 在该设备之前的各设备成为不接地的设备。

(2) 接地线与接地体的连接应十分牢靠，一般采用焊接方法，连接处应便于检查。接地线与设备的连接可用焊接或螺栓连接。用螺栓连接时，应采用防松螺母或防松垫圈。

(3) 不同用途和不同电压的电气设备，除另有规定者外，可使用一个总接地体。

(4) 在装设接地装置时，应首先充分利用自然接地体，以节约投资，节约钢材。但应注意其接地电阻值必须符合要求。

(5) 接地线如果从户外引入户内，最好是从地面以下引入户内，然后再引出地面。

(6) 为提高可靠性，接地体不宜少于 2 根，其上端应用扁钢或圆钢连成一个整体。

(7) 在埋设人工接地体之前，应先挖一个深约 1m 的地坑，然后将接地体打入地下，上端露出坑底约 0.2m，供连接接地线用。接地体打入地下的深度不应小于 2m。在特殊场所埋设接地体时，如果深度达不到 2m，并且接地电阻不能满足要求，则应在接地体周围放置食盐、木炭并加水，以减小接地电阻。

(8) 接地装置安装完毕后，应用接地电阻测试仪测量接地电阻。

(9) 接地装置在正常运行中，应定期进行检查和测试。天然接地体应定期检查其接地线连接部分是否连接可靠，导线是否折断。

二、低压配电系统的接地型式和基本要求

在低压配电系统中，为了避免人的触电危害和限制事故范围，除了系统侧工作接地外，还要考虑负荷侧的保护接地。按照国际电工委员会（IEC）和国家标准的规定，低压配电系统常见的接地型式有三种：TT 系统、IT 系统和 TN 系统。

1. TT 系统

TT 系统的电源中性点直接接地，用电设备的金属外壳直接接地，且与电源中性点的接地无关。第一个大写英文字母“T”表示配电网接地，第二个大写英文字母“T”表示电气设备金属外壳接地，如图 2－36 所示。TT 系统是供电部门通过城市公用

低压电网向用户供电的接地系统，广泛应用于城镇、农村居民区、工业企业和由公用变压器供电的民用建筑中，由于其与电源的接地在电气上无联系，也适用于对接地要求较高的数据处理和电子设备的供电。

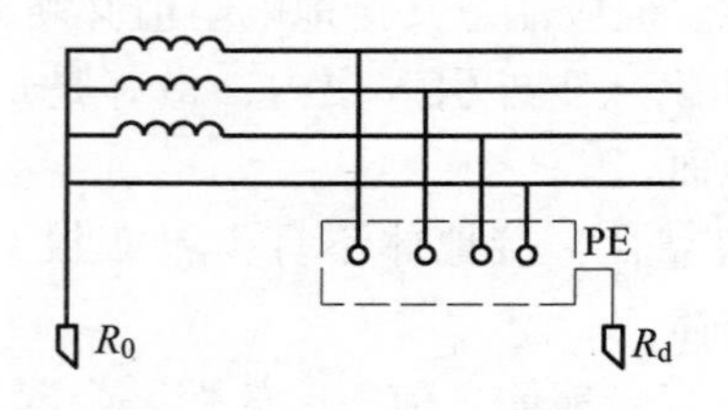

图 2－36　TT 系统

采用 TT 系统的电气设备发生单相碰壳故障时，接地电流并不是很大，往往不能使保护装置动作，这将导致线路长期带故障运行。当 TT 系统中的用电设备只是由于绝缘不良引起漏电时，因漏电电流往往不大（仅为毫安级），不可能使线路的保护装置动作，这也导致漏电设备的外壳长期带电，增加了人身触电的危险。因此，在 TT 系统中必须加装漏电保护开关，使其成为较完善的保护系统。

2. IT 系统

IT 系统是中性点不接地，系统中所有设备的外露可导电部分经各自的 PE 线分别接地，第一个大写英文字母“I”表示配电网不接地或经高阻抗接地，第二个大写英文字母“T”表示电气设备金属外壳接地，如图 2－37 所示。由于 IT 系统中设备外露可导电部分的接地 PE 线也是分开的，互无电气联系，因此相互之间也不会发生电磁干扰的问题。IT 系统适用于环境条件不良，易发生单相接地故障的场所，以及易燃、易爆的场所，如医院、煤矿、化工厂、纺织厂等，多用于井下和对不间断供电要求较高的场所。近几年逐步应用于重要建筑物内的应急电源系统，以及医院手术室等重要场所的动力和照明系统。

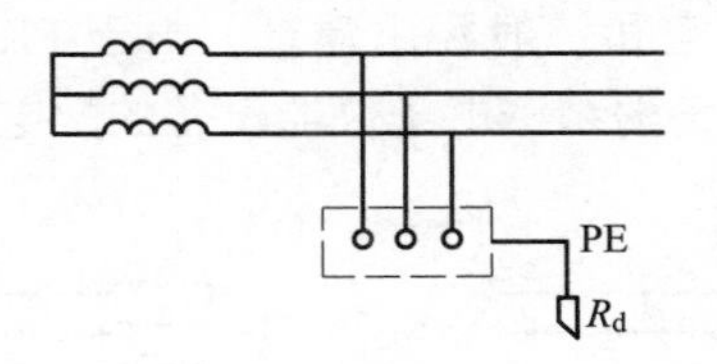

图 2－37　IT 系统

由于 IT 系统中性点不接地或经高阻抗接地，因此当系统发生单相接地故障时，三相用电设备及接线电压的单相用电设备仍能继续运行。但是发生单相接地故障时，接地电流将同时沿着人体和接地装置流过，流经人体和接地装置的电流大小与电阻成反比关系。由于人体电阻远大于接地装置的接地电阻，在发生单相碰壳时，大部分的接地电流被接地装置分流，流经人体的电流很小，从而对人身安全起了保护作用。

3. TN 系统

TN 系统是三相四线制配电网低压中性点直接接地，电气设备金属外壳采取接零措施的系统。第一个大写英文字母“T”表示配电网中性点直接接地，第二个大写英文字母“N”表示电气设备在正常情况下不带电的金属部分与配电网中性点之间有金属性的连接，亦即与配电网保护零线（保护导体）紧密连接。TN 系统按照中性点（N）与保护线（PE）组合的情况，又分为三种型式：

（1）TN－C 系统。

该系统中，中性点（N）与保护线（PE）合用一根导线。合用导线称为 PEN 线，如图 2－38（a）所示。TN－C 系统的保护线与中性线是合二为一的，因此具有更简单、经济的优点，该线称为 PEN 线（该系统在过去称为三相四线制）。TN－C 系统的优点是节省了一条导线，但在三相负载不平衡或保护中性线断开时会使所有接 PEN 线的外露可导电部分都带上危险电压。在一般情况下，如果扩充装置和导线截面选择适当，TN－C 系统是能够满足要求的。TN－C 系统适用于三相负荷基本平衡的一般工业企业建筑，不适用于具有爆炸、火灾危险的工业企业的建筑、矿井、医疗建筑和无专职电工维护的住宅和一般民用建筑，由于 PEN 线带有电位，对供电给数据处理设备的精密电子仪器设备的配电系统不宜采用此系统。

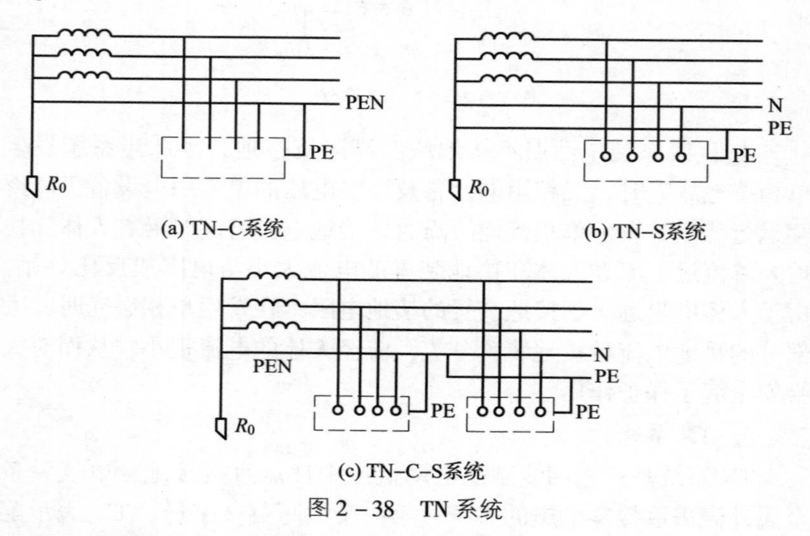

(a) TN-C系统　(b) TN-S系统

(c) TN-C-S系统

图 2－38　TN 系统

（2）TN－S 系统。

该系统中，中性点（N）与保护线（PE）是分开的，如图 2－38（b）所示。TN－S 系统中 PE 线与 N 线是分开的，过去称为三相五线制，PE 线不通过正常电流，因此不会对接在 PE 线上的其它设备产生电磁干扰，由于 N 线与 PE 线分开，N 线断线也不会影响 PE 线的保护作用，所以该系统多用于对安全可靠性要求较高（如潮湿易触电的浴室和居民住宅等）、设备对抗电磁干扰要求较严或环境条件较差的场所，也适用于供电给数据处理设备和精密电子仪器设备的配电系统，例如计算机机房等，对新建的大型民用建筑、住宅小区，特别推荐使用 TN－S 系统。但该系统耗用导电材料较多，投资大。

（3）TN－C－S 系统。

该系统靠电源侧的前一部分中性点与保护线是合二为一的，而后一部分则是分开的，如图 2－38（c）所示。

该系统也即三相四线与三相五线混合系统，是民用建筑中最常见的接地系统，通常电源线路中用 PEN 线，进入建筑物后分为 PE 线和 N 线，此结构简单，又保证一定的安全水平，耗材也不是很多，最适用于分散的民用建筑（小区建筑）。由于建筑物内设有专门的 PE 线，因而消除了 TN－C 的一些不安全因素。有一点应注意，在 PEN 线分为 PE 和 N 线后，N 线应使之对地绝对绝缘，且再也不能与 PE 线合并或互换，否则它仍然属于 TN－C 系统。该系统适用于小区民用建筑，也常用于配电系统末端环境较差或对电磁抗干扰要求较严的场所。

在 TN 系统中，电气设备在采取保护接零的同时，必须与熔断器或自动空气开关等保护装置配合应用，才能起到保护作用。

第三章　村镇住宅供配电线路敷设与布置

第一节　村镇住宅室外供配电线路的敷设形式及要求

一、室外供配电电线电缆的敷设原则

（一）架空线路敷设的防火要求

1. 对路径的防火要求

架空线路不得跨越有爆炸危险和易燃材料堆场，架空线的路径如果与这些有爆炸燃烧危险的设施较近时，必须保持不小于电杆的1.5倍间距，以防倒杆、发生断线事故时，导线短路产生火花电弧，引起爆炸和燃烧。

2. 安全距离

架空线路有高压和低压两种，为确保其安全运行，应保持一定的水平和垂直距离。

（1）垂直距离。架空线路导线对地面、水面和跨越物的最小允许间隔距离，如表3－1所示。为防止架空线与树木之间相碰放电引起火灾和危及人身安全，架空线至树木顶部的垂直距离，1kV以下一般不应小于1m。

表3－1　架空配电线路导线对地面、水面和跨越物的最小允许间距

经过地区或跨越项目	线路额定电压（kV）	
	0.22～0.38	1～10
1. 地面（水面）		
居民区	6	6.5
非居民区	5	5.5
（1）居民密度小，交通困难的地区	4	4.5

续表 3－1

经过地区或跨越项目	线路额定电压（kV）	
	0.22～0.38	1～10
（2）不能通航及不能浮运的河、湖（冬季至冰面）	5	5
（3）不能通航及不能浮运的河、湖至最高水位	3	3
2．对铁路		
（1）公用及非公用标准轨铁路，至轨道	7.5	7.5
（2）非公用窄轨铁路，至轨道	6	6
3．对公路、城市道路	6	7
4．对河流		
（1）长年洪水（至水面）	6	6
（2）至最高航行水位时的高船桅顶和长年洪水位时的浮运物顶	1	1.5

（2）水平距离。在最大风偏情况下，架空线路的边导线与城市中多层建筑物或新建、扩建建筑物的规划线之间的水平距离，1kV 以下线路不应小于 1m，在无风的情况下，边导线与城市中现有建筑物之间的净距离不应小于 0.5m。

（3）线间距离。架空配电线路的导线与导线之间的距离，1kV 以下一般为 0.3～0.5m。

（4）交叉距离。电力线路互相跨越时，一般较高电压线路在上，并不应有导线接头；较低电压线路在下，且应保持一定允许距离。

（二）接户线与进户线的防火要求

从架空线路的电杆到用户线第一个支持点之间的引线叫接户线。接户线的档距不宜越过 25m，距地距离，对小于 1kV 的应大于 2.5m。

从用户屋外第一个支持点到屋内第一个支持点之间的引线叫进户线。进户线应采用绝缘线穿管进户。进户钢管应设防水弯头，以防电线磨损，雨水倒流，造成短路或产生漏电引起火灾。严禁将电线从腰窗、天窗、老虎窗，或从草、木屋顶直接引入建筑内。接户线和进户线如图 3－1 所示。

图 3－1 接户线和进户线

爆炸物品库的进户线宜用铠装电缆埋地引入，进户处宜穿管，并将电缆外皮接地，从电杆引入电缆的长度不小于 50m。电杆上设置低压避雷器，以防感应雷电波沿进户线侵入库内引起爆炸事故。

（三）电能表的防火要求

根据《电能计量柜》GB/T 16934—2013 等标准的规定，农户生活用电应实行一户一表计量，其电能表箱宜安装在户外墙上。用户电能表箱底部距地面高度宜为 1.8 ~ 2.0m，电能表箱应达到坚固、防雨、防锈蚀的要求，有便于抄表和用电检查的观察窗。用户计量表后应装设有明显断开点的控制电器、过流保护装置。每户应装设末级剩余电流动作保护器。

电能表应有能实施封印的表壳，只有破坏封印后才能触及表内部件，如图 3－2 所示，表壳密封防尘并有一定的强度，由能抗变形、抗腐蚀、抗老化及透明度高的阻燃、环保材料制成。端子盖、端子座、表座应使用绝缘、阻燃、防紫外线的材料制成，具有不燃性。

图 3－2　电能表

（四）室外线路敷设的防火要求

室外线路是指安装在遮檐下，或沿建筑物外墙，或外墙之间的配线。室外线路应采用绝缘线。敷设时要防止导线机械受损，以避免绝缘性能下降。导线连接也要避免接触电阻过大造成局部过热。

为防止导线绝缘损坏后引起火灾，敷设线路时，要注意线间、导线固定点间以及线路与建筑物、地面之间必须保持一定距离。导线固定点间最大允许距离随着敷设方式、敷设场所和导线截面的不同而不同。为了保证配线的安全运行，配线与室外管道、建筑物、地面及导线相互间应保持一定的距离，具体要求参见《民用建筑电气设计规范》JGJ 16—2008。

(五) 电缆敷设的原则

1. 电缆敷设的一般要求

电缆防火应包括按环境选型、截面选择和电缆敷设方式和要求。

(1) 电缆线路路径要短，避开场地规划中的施工用地或建设用地，且尽量避免与其他管线（管道、铁路、公路和弱电电缆）交叉。敷设时要顾及已有的或拟建房屋的位置，不使电缆接近易燃易爆物及其它热源，尽可能不使电缆受到各种损坏（机械损伤、化学腐蚀、地下流散电流腐蚀、水土锈蚀、蚁鼠害）等。

(2) 不同用途电缆，如工作电缆与备用电缆、动力与控制电缆等宜分开敷设，并对其进行防火分隔。

(3) 电缆支持点之间的距离、电缆弯曲半径、电缆最高点和最低点间的高差等不得超过规定数值，以防机械损伤。

(4) 电缆在电缆沟内、隧道内及明敷时，应将麻包外皮剥去，并应采取防火措施。

(5) 交流回路中的单芯电缆应采用无钢铠的或非磁性材料护套的电缆。单芯电缆要防止引起附近金属部件发热。

(6) 其他要求可参考有关电气设计手册。

2. 电缆敷设的防火要求

电缆火灾通常由电缆绝缘损坏、电缆头故障使绝缘物自燃，堆积在电缆上的粉尘自燃起火，电焊火花引燃易燃品，充油电气设备故障时喷油起火和电缆遇高温起火并蔓延等原因引起。此外，锅炉防爆门爆破或锅炉焦块也可引燃电缆。

电缆着火延燃的同时，往往伴随产生大量有毒烟雾，使扑救困难，导致事故的扩大，损失严重。因此，电缆的敷设应满足一定的安全要求。

(1) 远离热源和火源。电缆沟应尽可能远离蒸汽及油管道，其最小允许距离见表3－2。当现场实际距离小于表中数值时，应在接近或交叉段前后1m处采取措施。可燃气体或可燃液体管沟内不应敷设电缆。若敷设在热力管沟中，应采取隔热措施。在具有爆炸和火灾危险的环境中，不应明敷电缆。

表3－2　电缆与管道最小允许距离（mm）

名称	电力电缆		控制电缆	
	平行	垂直	平行	垂直
蒸汽管道	1000	500	500	250
一般管道	500	300	500	250

（2）隔离易燃易爆物。在容易受到外界着火影响的电缆区段，架空电缆应采用防火槽盒，涂刷阻燃材料等，以防止火灾蔓延；或埋地、穿管敷设电缆。对处于充油电气设备（如高压电流、电压互感器）附近的电缆沟，应密封好。

（3）封堵电缆孔洞。对通向控制室电缆夹层的孔洞，沟道，竖井的所有墙孔，楼板处电缆孔洞和控制柜、箱、表盘下部的电缆孔洞等，都必须用耐火材料（如防火堵料、防火包和防火网）严密封堵，其中防火包和防火网主要应用于既要求防火又要求通风的地方。决不允许用木板等易燃物品承托或封堵，以防止电缆火灾向非火灾区蔓延。

（4）防火分隔。设置防火隔墙、阻火夹层及阻火段，将火灾控制在一定电缆区段，以缩小火灾范围。在电缆隧道、沟及托架的下列部位：不同厂房或车间交界处，进入室内处，不同电压配电装置交界处，不同机组及主变压器的电缆疲乏连接处，隧道与主控、集控、网控室接连处，以及长距离缆道每隔100m处等，均应设置防火隔墙或带门的防火隔墙。

防火隔墙由矿渣密实充填而成，其两侧1.5m长的电缆涂有防火涂料，一般需涂刷4～6次，隔墙两侧还装有2mm×800mm宽的防火隔板（厚2mm的钢板），用螺栓固定在电缆支架上，电缆沟阻火墙与隧道隔墙的做法相同，且都要考虑排水问题，但阻火墙两侧无需设置隔板和涂刷防火涂料。在电缆竖井中可用阻火夹层分隔，阻火夹层上下用耐火板，中间一层用矿棉半硬板，耐火板在穿过电缆处按电缆外径锯成条状孔，铺好后用散装泡沫矿棉充填缝隙，夹层上下1m处用防火涂料刷电缆及支架3次，人孔可用可移动防火板铰链带及活动盖板予以密封。为防止架空电缆着火延燃，沿架空电缆线路可设置阻火段，对电缆中间接头应置防火段。

（5）防止电缆因故障自燃。对电缆建筑物要防止积灰、积水；确保电缆头的工艺质量，对集中的电缆头要用耐火板隔开，并对电缆头附近电缆刷防火涂料；高温处选用耐热电缆，对消防用电缆作耐火处理；加强通风，控制隧道温度，明敷电缆不得带麻被层。

（6）设置自动报警与灭火装置。可在电缆夹层、电缆隧道的适当位置设置自动报警与灭火装置。

二、室外供配电电缆常见敷设方式

常见的敷设方式有：电缆隧道、电缆沟、排管、壕沟（直埋）、竖井、桥架、夹层等。

（一）电缆隧道和电缆沟

电缆隧道是用来放置电缆的，是一种封闭狭长的构筑物，高1.8m以上，两侧设有数层敷设电缆的支架，可放置很多电缆，人在隧道内能方便地进行电缆敷设、更换和维修工作。缺点是投资大、耗材多、易积水。适用于有大量电缆的配置处。

电缆沟为有盖板的沟道，沟宽与深不足1m，敷设和维修电缆必须揭开水泥盖板，很不方便，且容易积灰、积水，但施工简单、造价低、走向灵活且能容纳较多电缆。电缆沟有屋内、屋外和厂区三种，适用于电缆更换机会少的地方，要避免在易积水、积灰的场所使用。

电缆隧道（沟）在进入建筑物（如变配电所）处，或电缆隧道每隔100m处，应设带门的防火隔墙，对电缆沟只设隔墙，以防止电缆发生火灾时烟火向室内蔓延扩大，且可防小动物进入室内。电缆隧道应尽量采用自然通风，当电缆热损失超过150~200W/m时，需考虑机械通风。

（二）电缆排管

电缆敷设在排管中，可以免受机械损伤，并能有效防火，但施工复杂，检修和更换都不方便，散热条件差，需要降低电缆载流量。排管孔眼，对电力电缆应大于100mm，对控制电缆应大于75mm，孔眼电缆占积率为66%。排管材料选择，高于地下水位1m以上的可用石棉水泥管或混凝土管；对潮湿地区，为防止电缆铅层受到化学腐蚀，可用PVC塑料管。

（三）壕沟（直埋）

将电缆直接埋在地下，既经济、方便，又可防火，如图3－3所示，但易受机械损伤、化学腐蚀、电腐蚀，故可靠性差，且检修不便，多用于工业企业中电缆根数不多的地方。

图3－3　电缆壕沟

电缆埋深不得小于700mm，壕沟与建筑物基础间距要大于600mm。电缆引出地面，为防止机械损伤，应用2m长的金属管或保护罩加以保护，电缆不得平行敷设于管道的上方或下面。

（四）电缆竖井

竖井是电缆敷设的垂直通道。竖井多用砖和混凝土砌成，在有大量电缆垂直通过处采用，如发电厂的主控室、高层建筑的层间，如图3－4所示。竖井在地面或每层楼板处设有防火门，通常做成封闭式，底部与隧道或沟相连。高层建筑竖井一般位于电梯井道两侧和楼梯走道附近。竖井还可做成钢结构固定式，竖井截面视电缆多少而定，大型竖井截面为 4 ~ 5m^2，小的也只有 0.9m × 0.5m 不等。

图 3-4 电缆竖井

竖井易产生烟囱效应，容易使火势扩大，蔓延成灾。因此，每层楼板都应隔开，穿行管线或电缆孔洞必须用防火材料封堵。

（五）电缆桥架

电缆架空敷设在桥架上，如图 3-5 所示。其优点是无积水问题，避免了与地下管沟交叉相碰，成套产品整齐美观，节约空间，封闭槽架有利于防火、防爆、抗干扰。缺点是耗材多，施工、检修和维护困难，受外界引火源（油、煤粉起火）影响的概率较大。

图 3-5 电缆桥架

（六）电缆穿管

电缆一般在出入建筑物时穿过楼板和墙壁，从电缆沟引出地面2m，地下深0.25m内，以及铁路、公路交叉时，均要穿管给予保护。保护管可选用水煤气管，腐蚀性场所可选用PVC塑料管，如图3－6所示。管径要大于电缆外径的1.5倍，保护管的弯曲半径不应小于所穿电缆的最小允许弯曲半径。

图3－6　PVC电缆穿管

（七）对电缆头的要求

电缆线路的端部接头称为电缆端头；将两根电缆连接起来的接头称为电缆中间接头。油浸绝缘电缆两端位差太大时，由于油压的作用，低端将会漏油，电缆铅包甚至会胀裂。为避免此种故障的发生，往往要将电缆油路分隔成几段，这种隔断油路的接头称为电缆中间堵油接头或干包头等。户外型式有户外瓷质盒、铸铁盒、环氧树脂终端头等。塑料电缆全部用于包电缆头。

电缆头是影响电缆绝缘性能的关键部位，如图3－7所示，最容易成为引火源。因此，确保电缆头的施工质量是极为重要的。

电缆头在投入运行前要做耐压试验，测量出的绝缘电阻应与电缆头制作前没有大的差别，其绝缘电阻一般为50～100MΩ。运行要检查电缆头有无漏油、渗油现象，有无积聚灰尘、放电痕迹等。

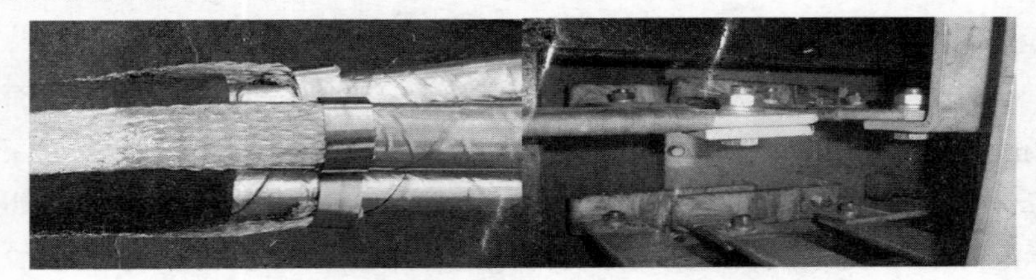

图3－7　电缆头

第二节　村镇住宅室内配电线路的敷设方式及要求

一、室内供配电电线电缆的敷设原则

室内线路指安装在房屋内的线路，室内线路应采用绝缘线。敷设时要防止导线机械受损，以避免绝缘性能下降。导线连接也要避免接触电阻过大造成局部过热。

1．按环境确定敷设方式

在实际生产、生活中，电气设备所处的环境各异，有的处于潮湿或特别潮湿的环境中，有的处于多尘环境中，有的处于腐蚀环境中，有的处于火灾危险环境以及爆炸环境中。不同环境要求使用的导线、电缆类型也不同，安装敷设方法也要与其相适应，只有这样才能保证导线在各种环境下的安全运行，防止火灾。表3－3列出了按环境选择导线、电缆及其敷设方式。

表3－3　按环境选择导线、电缆及其敷设方式

环境特征	线路敷设方式	常见电线、电缆类型
正常干燥环境	1．绝缘线瓷珠、瓷夹板或铝皮卡明配线	BBLV、BLXF、BLV、BLVA、BLX
	2．绝缘线、裸线瓷瓶明配线	BBLX、BLXF、BLV、LV、LMV
	3．绝缘线穿管明敷或暗敷	BBLX、BLXF、BLX
	4．电缆明敷或放在沟中	ZLL、ZLL_{11}、VLV、VJV、XLV、ZLQ

续表 3-3

环境特征	线路敷设方式	常见电线、电缆类型
潮湿或特别潮湿的环境	1. 绝缘线瓷瓶明配线（敷设高度 >3.5m） 2. 绝缘线穿塑料管、钢管明敷或暗敷 3. 电缆明敷	BBLX、BLXF、BLV、BLX BBLX、BLXF、BLV ZLL_{11}、VLV、YJV、VLX
多尘环境	1. 塑料线瓷珠、瓷瓶明配 2. 绝缘线穿塑料管明敷或暗敷 3. 电缆明敷	BLV、BLVV BBLX、BLXF、BLV、BV、BLX VLV、VJV、ZLL_{11}、XLV
有火灾危险的环境	1. 绝缘线瓷珠明配线 2. 绝缘线穿管明敷或暗敷 3. 电缆明敷或放在沟中	BBLX、BLV、BLX BBLX、BLV、BLX ZLL_{11}、ZLQ、VLV、YJV
有爆炸危险的环境	1. 绝缘线穿钢管明敷或暗敷 2. 电缆明敷	BBX、BV、BX ZL_{120}、ZQ_{20}、VV_{20}

高温场所应以石棉、玻璃丝、瓷珠、云母等作为耐热配线或选择耐火及耐热导线或电缆。

有闷顶的三、四级耐火等级建筑物，闷顶内的电线应用金属管配线或带有金属保护的绝缘导线。

2. 对室内线距离的要求

为防止导线绝缘损坏后引起火灾，敷设线路时，要注意线间、导线固定点间以及线路与建筑物、地面之间必须保持一定距离。导线固定点间最大允许距离随着敷设方式、敷设场所和导线截面的不同而不同。为了保证配线的安全运行，配线与室内管道、建筑物、地面及导线相互间应保持一定的距离，具体要求参见《民用建筑电气设计规范》JGJ 16—2008。

二、室内供配电线路常见敷设方式及防火要求

1. 明敷方式时的防火要求

绝缘导线应防止受机械损伤，如导线穿过墙壁或可燃建筑构件时，应采用砌在墙内的绝缘管子，且每只管子只能穿一根导线。从地面向上安装的绝缘导线，距地面2m高以内的一段应加钢管保护，以防绝缘受损造成事故。

2. 线管配线的防火要求

凡明敷于潮湿场所或埋在地下的线管均应采用水、煤气钢管，明敷或暗敷于干燥场所的线管可采用一般钢管。线管内导线的绝缘强度不应低于交流500V。用金属管保护的交流线路，当负荷电流大于25A时，为避免涡流产生，应将同一回路的所有导线穿于同一根金属管内。

3. 槽板配线的防火要求

槽板配线就是把导线敷设在槽板线槽内，上面用盖板把导线盖住。槽板有木质的和塑料制的，适用于办公室、生活间等干燥的场所。槽板应设在明处，不得直接穿过楼板或墙壁，必要时需改用瓷套管或钢管保护。安装槽板时，要防止将导线绝缘钉破造成漏电或短路事故。槽板若为木板，应采用干燥坚硬的，并涂漆防潮，以达到防止机械损伤和增强绝缘的目的。木槽板在有尘埃或有燃烧、爆炸危险的场所不得使用。

第三节　电线电缆的防火封堵措施

国内外防止电线电缆着火延燃的主要方法是应用防火材料组成各种防火阻燃措施，用以提高电缆绝缘的引燃温度，降低引燃敏感性，降低火焰沿表面的燃烧速率，提高阻止火焰传播的能力。

一、阻燃电线电缆

具有阻燃性能的PVC绝缘和护套电线电缆，耐温有70℃、

90℃、105℃，氧指数大于32。阻燃型电线电缆不易着火或着火后不延燃，离开火源可以自熄。但阻燃材料作导体的绝缘有一定的局限性，它仅适用于有阻燃要求的场所，如图3－8所示。

图3－8 阻燃电缆

铜芯铜套氧化镁绝缘电缆，缆芯为铜芯，绝缘物为氧化镁，护套为无缝铜管，适用于特别重要的一级负荷，如消防控制室、消防电梯、消防泵、应急发电机等电源线，应积极推广铜护套铜芯氧化镁绝缘防火电缆（简称为MI电缆）。MI电缆和耐火母线槽是预防高层、超高层民用建筑火灾的重要措施之一。MI电缆的价格比阻燃电缆的价格更高，敷设方式均为明装敷设。其特点如下：

（1）防火、耐火、耐高湿温。铜护套、铜芯线的熔点为1083℃，氧化镁粉绝缘材料在2200℃高温下不熔化，有很强的防火、耐火性能，且在250℃的高温环境中可长期安全工作；

（2）无烟、无毒，有利于人员疏散，更有利于消防人员扑救；

（3）防火、防水，耐腐蚀性能高。氧化镁绝缘材料被紧密地挤压在铜护套与铜芯之间，MI电缆的部件全部为丝扣连接，任何气体、火焰都无法进入设备和电缆内，铜护套由无缝铜管制成，具有良好的防腐性能；

（4）无辐射、无涡流，过载能力强。铜护套有很高的防磁、防辐射性能，单芯电缆无涡流效应。

（5）机械强度高，外径小，使用寿命长。MI 电缆的铜护套在机械撞击和外力作用下不会损坏，确保电气和绝缘性能指标，而且铜护套外径比其他阻燃、耐火电缆要小。MI 电缆在火烤后，氧化镁无机绝缘材料不会降低电气和绝缘性能，仍可继续使用无需更换；

（6）安全可靠性高。MI 电缆的铜护套是很好的 PE 接地线，能够确保人身和设备安全运行；

（7）使用灵活方便。在民用建筑的配电线路中，只要满足敷设高度在 2. 5m 以上，MI 电缆可直接敷设在天棚内，无需金属封闭线槽保护。

二、膨胀型防火涂料

膨胀型防火涂料的阻燃机理是，当涂覆于电缆表面的膨胀型防火涂层受到火星或火种作用时很难被引燃；当受到高温或明火作用时，涂层中部分物质因热分解，高速产生不燃气体（如 CO_2和水蒸气），使涂层薄膜发泡，形成致密的炭化泡沫。该泡沫具有排除氧气和对电缆基材的隔热作用，从而阻止了热量传递，防止火焰直接烧到电缆，推迟了电缆着火时间，在一定条件下还可将火阻熄。

防火涂料应用于电缆，可采用全涂、局部涂覆或局部长距离大面积涂覆形式。为保证发生火灾时消防电源及控制回路能够正常供电和控制操作，消防水泵和事故照明线路、高层建筑内的报警回路和消防联动系统的控制回路等的电缆线路均是沿电缆全线涂膨胀型防火涂料。局部涂覆是为增大隔火距离，防止窜燃，在阻火墙一侧或两侧，根据电缆的数量、型号的不同，分别涂 0. 5 ~ 1. 5m 长的涂料。局部长距离大面积涂覆是指对邻近易着火电缆部位涂覆。

膨胀型防火涂料的涂覆厚度根据不同场所、不同环境、电缆数量及其重要性可适当增减，一般以 1. 0mm 左右为宜，最少 0. 7mm，多则 1. 2mm，涂覆比为 1 ~ 2kg/m²。涂覆方式可由具体施工环境及条件而定，可人工刷涂，也可用喷枪喷涂。

防火涂料不但对电缆能起到防火保护作用，对一些重要场所，对配电间，控制室，计算机房的门、墙、窗，公用建筑的平面等处亦可涂以防火涂料，以达到防火与装饰美化环境的双重效应。建筑平面上涂刷厚度以0.5～1.0mm为宜，其耗重为0.75～1.0kg/m^2。

三、电缆用难燃槽盒

电缆用难燃槽盒按盒体材料不同分为钢板型和FRP型两种，形状如图3－9所示。FRP型槽盒由4mm厚的玻璃纤维增强塑料粘结而成，具有质轻、强度高、安装方便、耐腐蚀、耐油、耐火、不燃、无毒等优点，适用于－20～70℃的环境温度及潮湿、含盐雾和化学气体的环境。钢板槽盒由2mm厚的钢板制成，因其质量、安装不便，应用受到限制。

图3－9　电缆用难燃槽盒

FRP型封闭式槽盒可使槽内敷设的电缆免遭外部火灾的危害，保证正常运行，也可保证电缆无论在槽盒内短路着火，还是裸露在槽盒外部的电缆着火延燃至槽盒端口时，使着火电缆因缺氧而自熄。

FRP型封闭式槽盒氧指数大于40，可对发电厂、变电所、供电隧道、工业企业等电缆密集场所明敷在支架（或桥架）上的各种电压等级的电缆回路实行防火保护、耐火分隔和防止电缆延燃着火。

根据工程需要，槽盒可做成箱型，由上盖和下底组成，下底侧边有凹形口，用来固定上盖，盒体外用镀锌钢带扎紧。箱型槽盒可与防火隔板配套使用。敷设电缆时，上下两层电缆用隔板隔开，起到防火隔离作用。

槽体按需要可连续敷设，也可以在电缆 30m 或 50m 处设一段 2m 长槽盒作防火段，盒体两端用有机防火堵料封堵，即可起到防火、耐火作用。

四、耐火隔板

耐火隔板由难燃玻璃纤维增强塑料制成，隔板两面涂覆防火涂料，具有耐火隔热性能，如图 3－10 所示。隔板可用来对敷设电缆的层间作防火分隔，防止电缆群中，因部分电缆着火而波及其它层，缩小着火范围，减缓燃烧强度，防止火灾蔓延。

图 3－10　耐火隔板

五、防火堵料

防火堵料主要用来对建筑物的电缆贯穿孔洞进行封堵，从而抑制火势向邻室蔓延，如图 3－11 所示。

图 3－11　防火堵料

六、防火包

防火包形似枕头状，内部填充无机物纤维、不燃和不溶于水的扩张成分，以及特殊耐热添加剂，外部由玻璃纤维编织物包装而成，如图 3 – 12 所示。主要应用在电缆或管道穿越墙体或楼板贯穿孔洞的封堵，阻止电缆着火后向邻室蔓延。用防火包构成的封堵层，耐火极限可达 3h 以上。

图 3 – 12　防火包

七、防火网

防火网是以钢丝网为基材，表面涂刷防火涂料而成，如图 3 – 13 所示。适用于既要求通风，又要求防火的地方。其特点是可保证平时能充分通风，若安装在槽盒端口，则可制成通风型槽盒，有利于提高槽盒内敷设电缆的载流量。以防火网为基材可做防火门。防火网遇明火时，网上的防火涂料即刻膨胀发泡，网孔被致密泡沫炭化层封闭，从而可阻止火焰穿透和蔓延。

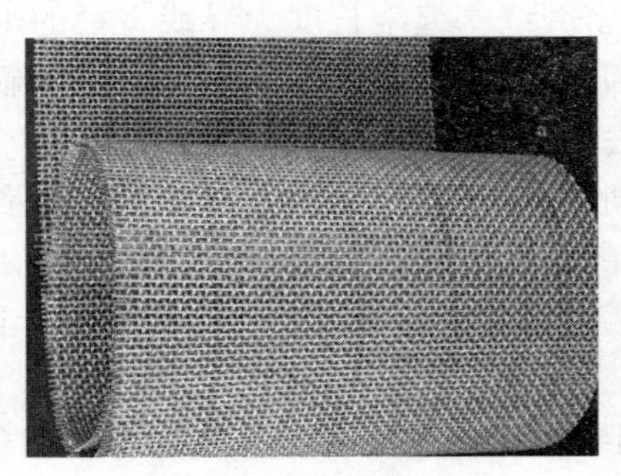

图 3 – 13　防火网

第四节　导线的连接

导线连接是电工作业的一项基本工序，也是一项十分重要的工序。导线连接的质量直接关系到整个线路能否安全可靠地长期运行。对导线连接的基本要求是：连接牢固可靠、接头电阻小、机械强度高、耐腐蚀耐氧化、电气绝缘性能好。

一、常用连接方法

需连接的导线种类和连接形式不同，其连接的方法也不同。常用的连接方法有绞合连接、紧压连接、焊接等。连接前应小心地剥除导线连接部位的绝缘层，注意不可损伤其芯线。

（一）绞合连接

绞合连接是指将需连接导线的芯线直接紧密绞合在一起。铜导线常用绞合连接。

（1）单股铜导线的直接连接。小截面单股铜导线连接方法如图 3－14 所示，先将两导线的芯线线头作 X 形交叉，再将它们相互缠绕 2～3 圈后扳直两线头，然后将每个线头在另一芯线上紧贴密绕 5～6 圈后剪去多余线头即可。

大截面单股铜导线连接方法如图 3－15 所示，先在两导线的芯线重叠处填入一根相同直径的芯线，再用一根截面约为 $1.5mm^2$ 的裸铜线在其上紧密缠绕，缠绕长度为导线直径的 10 倍左右，然后将被连接导线的芯线线头分别折回，再将两端的缠绕裸铜线继续缠绕 5～6 圈后剪去多余线头即可。

不同截面单股铜导线的连接方法如图 3－16 所示，先将细导线的芯线在粗导线的芯线上紧密缠绕 5～6 圈，然后将粗导线芯线的线头折回紧压在缠绕层上，再用细导线芯线在其上继续缠绕 3～4 圈后剪去多余线头即可。

（2）单股铜导线的分支连接。单股铜导线的 T 字分支连接如图 3－17 所示，将支路芯线的线头紧密缠绕在干路芯线上 5～8 圈后剪去多余线头即可。对于较小截面的芯线，可先将支路芯线的线头在干路芯线上打一个环绕结，再紧密缠绕 5 ~ 8 圈后剪去多余线头即可。

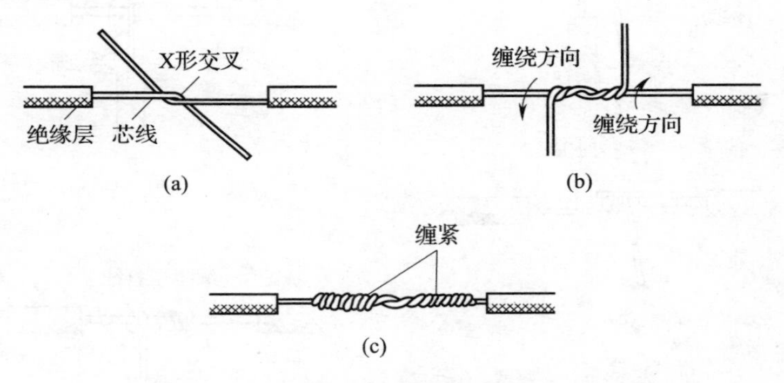

图 3 – 14　单股铜导线的直接连接

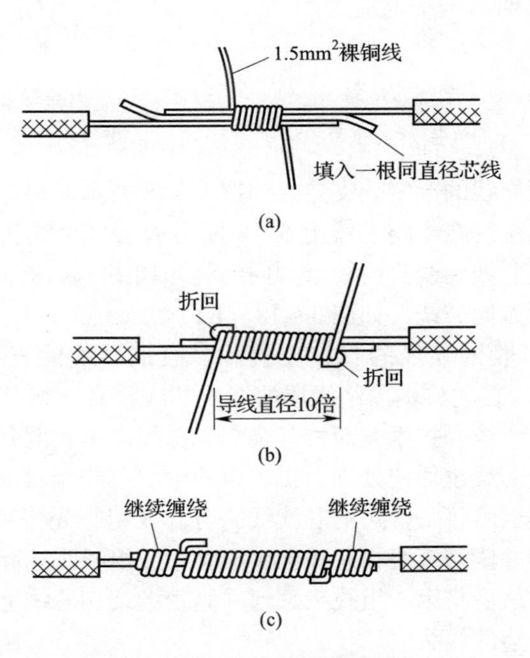

图 3 – 15　大截面单股铜导线连接方法

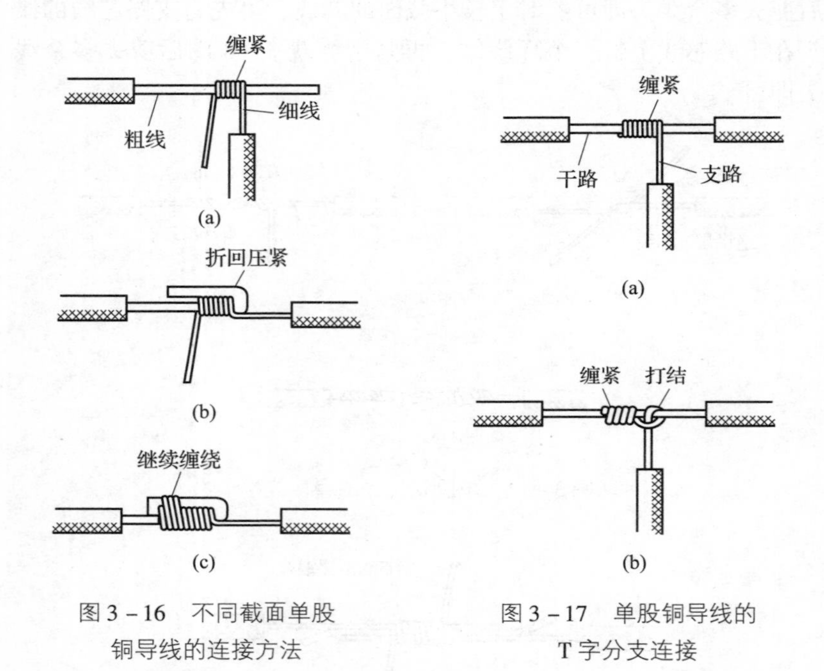

图 3－16　不同截面单股铜导线的连接方法

图 3－17　单股铜导线的 T 字分支连接

单股铜导线的十字分支连接如图 3－18 所示，将上下支路芯线的线头紧密缠绕在干路芯线上 5～8 圈后剪去多余线头即可。可以将上下支路芯线的线头向一个方向缠绕，如图 3－18（a），也可以向左右两个方向缠绕，如图 3－18（b）。

（3）多股铜导线的直接连接。多股铜导线的直接连接如图 3－19 所示，首先将剥去绝缘层的多股芯线拉直，将其靠近绝缘层的约 1/3 芯线绞合拧紧，而将其余 2/3 芯线成伞状散开，另一根需连接的导线芯线也如此处理，接着将两伞状芯线相对着互相插入后捏平芯线，然后将每一边的芯线线头分作 3 组，先将某一边的第 1 组线头翘起并紧密缠绕在芯线上，再将第 2 组线头翘起并紧密缠绕在芯线上，最后将第 3 组线头翘起并紧密缠绕在芯线上。以同样方法缠绕另一边的线头。

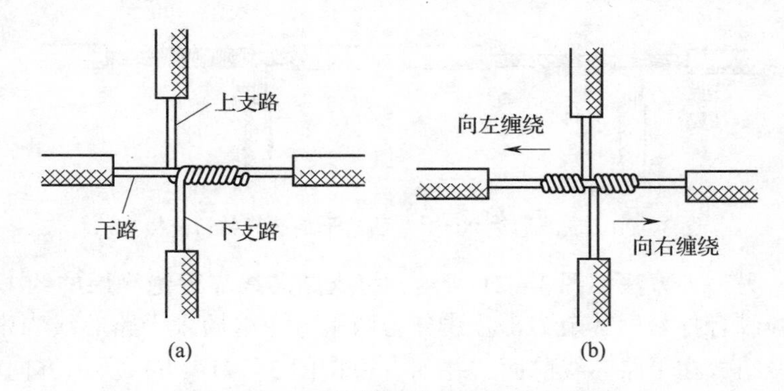

图 3-18 单股铜导线的十字分支连接

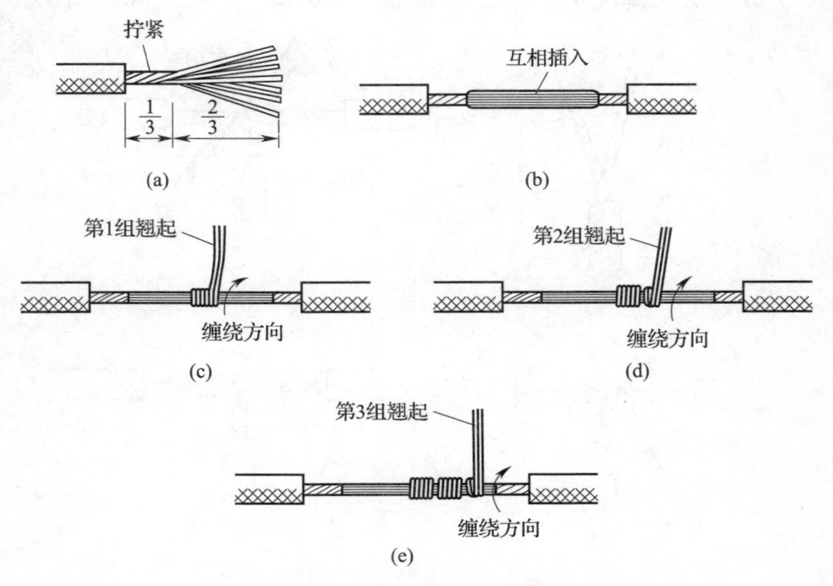

图 3-19 多股铜导线的直接连接

（4）多股铜导线的分支连接。多股铜导线的 T 字分支连接有两种方法，一种方法如图 3-20 所示，将支路芯线 90°折弯后与干路芯线并行，然后将线头折回并紧密缠绕在芯线上即可。

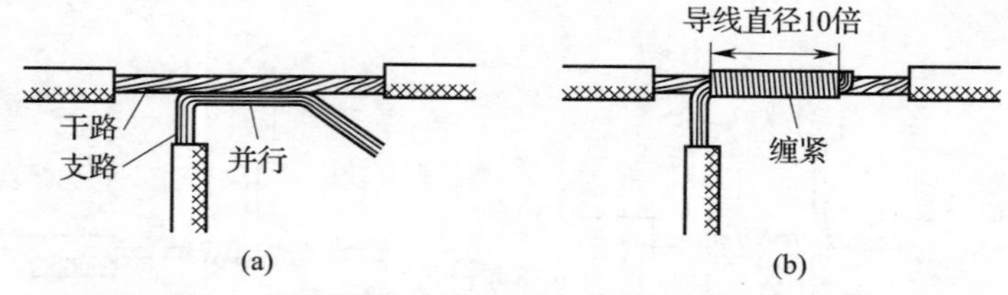

图 3－20　支路芯线 90°折弯后与干路芯线并行连接方法

另一种方法如图 3－21 所示，将支路芯线靠近绝缘层的约 1/8 芯线绞合拧紧，其余 7/8 芯线分为两组，一组插入干路芯线当中，另一组放在干路芯线前面，并朝右边按图 3－21（b）所示方向缠绕 4～5 圈，再将插入干路芯线当中的那一组朝左边按图 3－21（c）所示方向缠绕 4～5 圈，连接好的导线如图 3－21（d）所示。

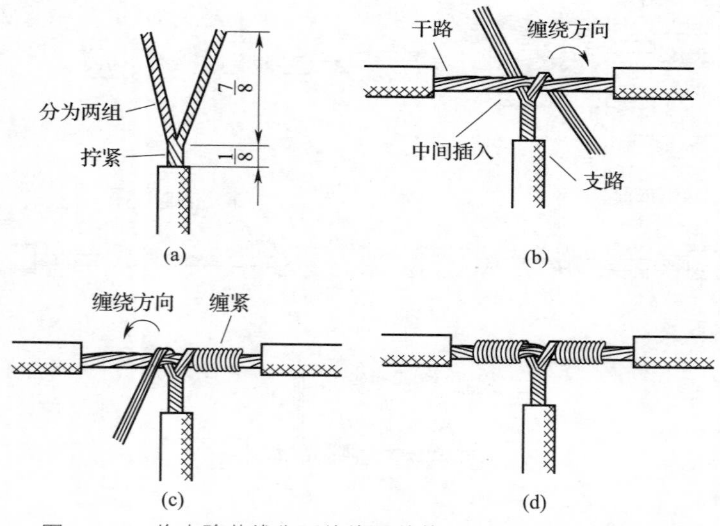

图 3－21　将支路芯线靠近绝缘层的约 1/8 芯线绞合拧紧连接

（5）单股铜导线与多股铜导线的连接。单股铜导线与多股铜导线的连接方法如图 3－22 所示，先将多股导线的芯线绞合拧紧成单股状，再将其紧密缠绕在单股导线的芯线上 5～8 圈，最后将单股芯线线头折回并压紧在缠绕部位即可。

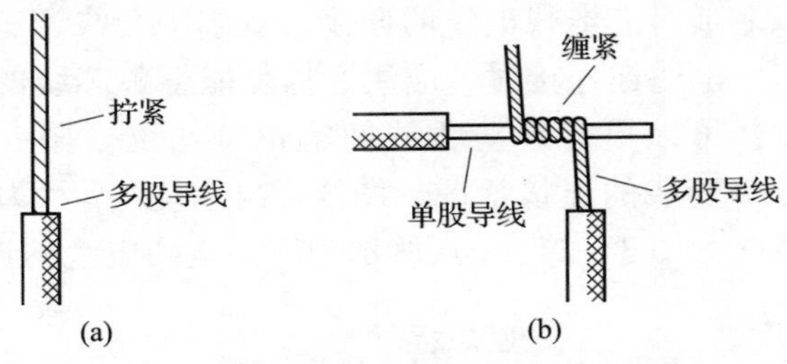

图 3－22　单股铜导线与多股铜导线的连接方法

（6）同一方向导线的连接。当需要连接的导线来自同一方向时，可以采用图 3－23 所示的方法。对于单股导线，可将一根导线的芯线紧密缠绕在其他导线的芯线上，再将其他芯线的线头折回压紧即可。对于多股导线，可将两根导线的芯线互相交叉，然后绞合拧紧即可。对于单股导线与多股导线的连接，可将多股导线的芯线紧密缠绕在单股导线的芯线上，再将单股芯线的线头折回压紧即可。

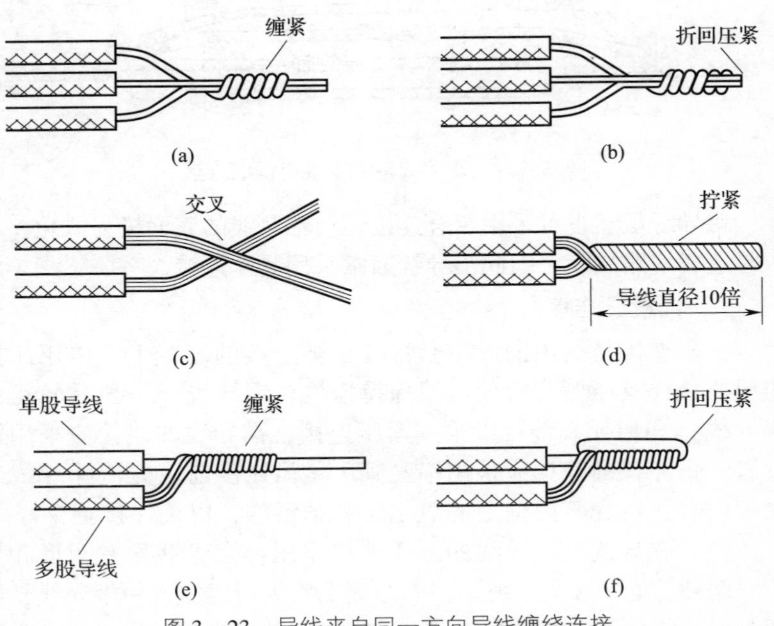

图 3－23　导线来自同一方向导线缠绕连接

（7）双芯或多芯电线电缆的连接。双芯护套线、三芯护套线或电缆、多芯电缆在连接时，应注意尽可能将各芯线的连接点互相错开位置，可以更好地防止线间漏电或短路。图 3－24（a）所示为双芯护套线的连接情况，图 3－24（b）所示为三芯护套线的连接情况，图 3－24（c）所示为四芯电力电缆的连接情况。

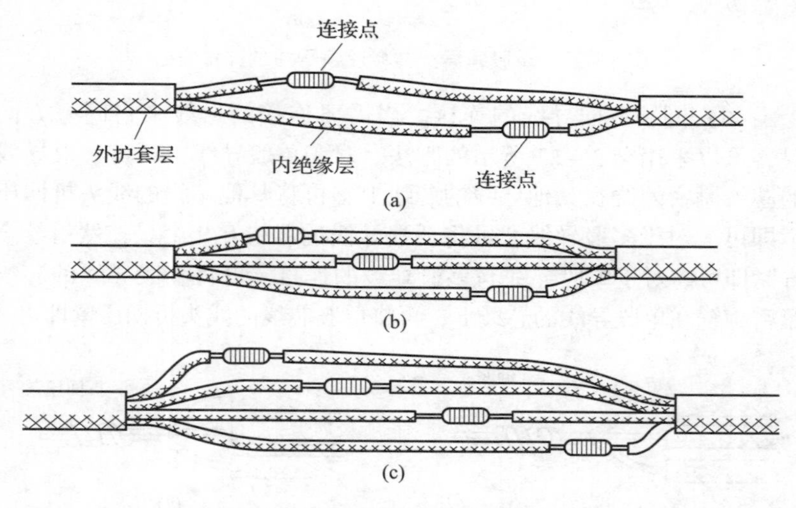

图 3－24 双芯或多芯电线电缆的连接

铝导线虽然也可采用绞合连接，但铝芯线的表面极易氧化，日久将造成线路故障，因此铝导线通常采用紧压连接。

（二）紧压连接

紧压连接是指用铜或铝套管套在被连接的芯线上，再用压接钳或压接模具压紧套管使芯线保持连接。铜导线（一般是较粗的铜导线）和铝导线都可以采用紧压连接，铜导线的连接应采用铜套管，铝导线的连接应采用铝套管。紧压连接前应先清除导线芯线表面和压接套管内壁上的氧化层和粘污物，以确保接触良好。

（1）铜导线或铝导线的紧压连接。压接套管截面有圆形和椭圆形两种，如图 3－25 所示。圆截面套管内可以穿入一根导线，椭圆截面套管内可以并排穿入两根导线。圆截面套管使用时，将需要连接的两根导线的芯线分别从左右两端插入套管相等长度，以保持两根芯线的线头的连接点位于套管内的中间。然后用压接钳或压接模具压紧套管，一般情况下只要在每端压一个坑即可满足接触电阻的要求。在对机械强度有要求的场合，可在每端压两个坑，如图3-26所示。对于较粗的导线或机械强度要求较高的场合，可适当增加压坑的数目。

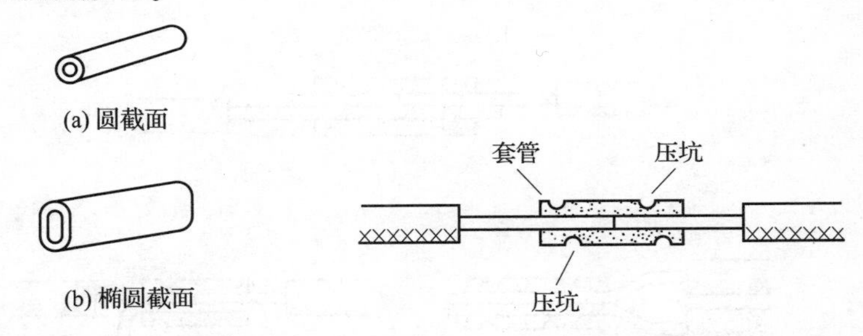

图3-25　压接套管截面　　图3-26　两根芯线的线头的连接点

椭圆截面套管使用时，将需要连接的两根导线的芯线分别从左右两端相对插入并穿出套管少许，如图3-27（a）所示，然后压紧套管即可，如图3-27（b）所示。椭圆截面套管不仅可用于导线的直线压接，而且可用于同一方向导线的压接，如图3-27（c）所示，还可用于导线的T字分支压接或十字分支压接，如图3-27（d）和图3-27（e）所示。

（2）铜导线与铝导线之间的紧压连接。当需要将铜导线与铝导线进行连接时，必须采取防止电化腐蚀的措施。因为铜和铝的标准电极电位不一样，如果将铜导线与铝导线直接绞接或压接，在其接触面将发生电化腐蚀，引起接触电阻增大而过热，造成线路故障。常用的防止电化腐蚀的连接方法有两种。

一种方法是采用铜铝连接套管。铜铝连接套管的一端是铜质，另一端是铝质，如图3-28（a）所示。使用时将铜导线的芯线插入套管的铜端，将铝导线的芯线插入套管的铝端，然后压紧套管即可，如图3-28（b）所示。

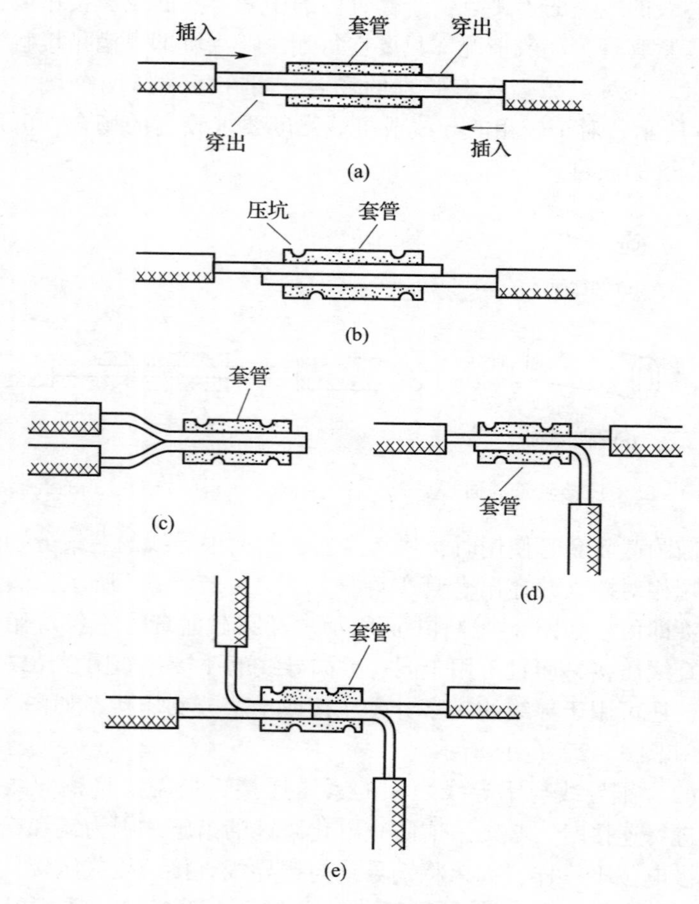

图 3－27　压紧套管连接方式

另一种方法是将铜导线镀锡后采用铝套管连接。由于锡与铝的标准电极电位相差较小，在铜与铝之间夹垫一层锡也可以防止电化腐蚀。具体做法是先在铜导线的芯线上镀上一层锡，再将镀锡铜芯线插入铝套管的一端，铝导线的芯线插入该套管的另一端，最后压紧套管即可，如图 3－29 所示。

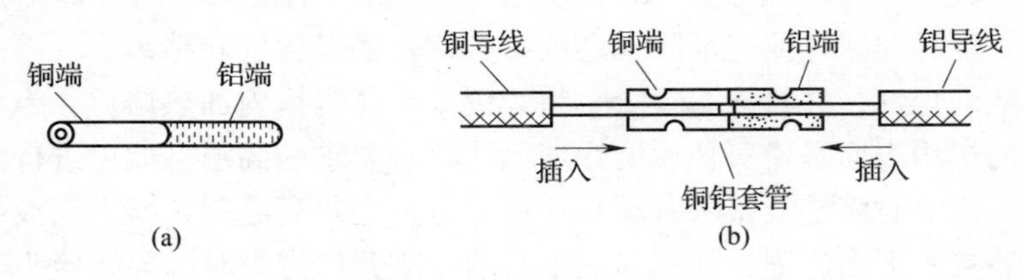

图 3－28 铜铝连接套管连接

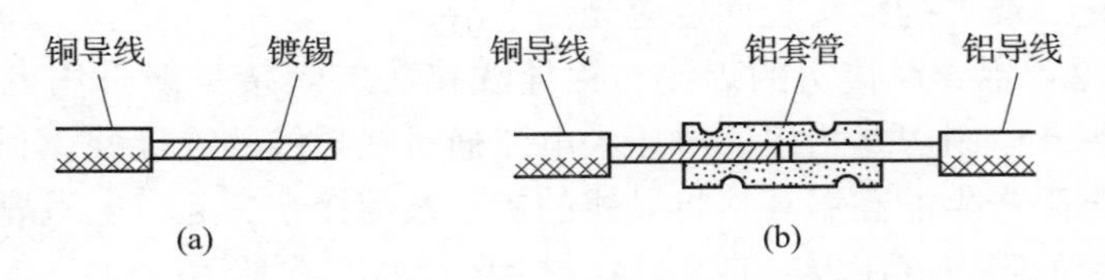

图 3－29 铜导线镀锡后采用铝套管连接

(三) 焊接

焊接是指将金属（焊锡等焊料或导线本身）熔化融合而使导线连接。电工技术中导线连接的焊接种类有锡焊、电阻焊、电弧焊、气焊、钎焊等。

(1) 铜导线接头的锡焊。较细的铜导线接头可用大功率（例如 150W）电烙铁进行焊接。焊接前应先清除铜芯线接头部位的氧化层和粘污物。为增加连接可靠性和机械强度，可将待连接的两根芯线先行绞合，再涂上无酸助焊剂用电烙铁蘸焊锡进行焊接即可，如图 3－30 所示。焊接时应使焊锡充分熔融渗入导线接头缝隙中，焊接完成的接点应牢固光滑。

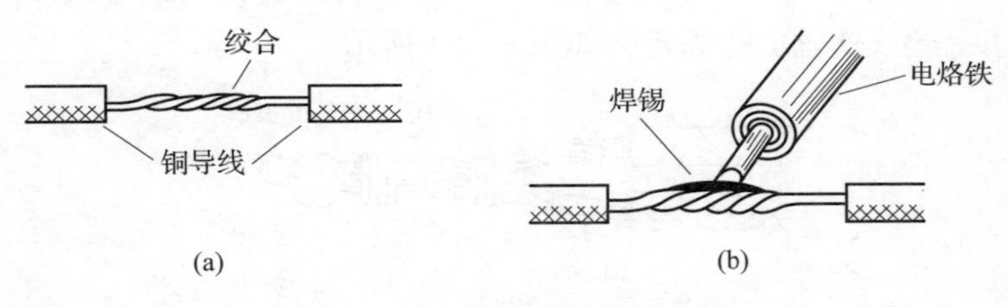

图 3－30 铜导线接头的锡焊连接

较粗（一般指截面 16mm^2 以上）的铜导线接头可用浇焊法连接。浇焊前同样应先清除铜芯线接头部位的氧化层和粘污物，涂上无酸助焊剂，并将线头绞合。将焊锡放在化锡锅内加热熔化，当熔化的焊锡表面呈磷黄色说明锡液已达符合要求的高温，即可进行浇焊。浇焊时将导线接头置于化锡锅上方，用耐高温勺子盛上锡液从导线接头上面浇下，如图 3－31 所示。刚开始浇焊时因导线接头温度较低，锡液在接头部位不会很好渗入，应反复浇焊，直至完全焊牢为止。浇焊的接头表面也应光洁平滑。

（2）铝导线接头的焊接。铝导线接头的焊接一般采用电阻焊或气焊。电阻焊是指用低电压大电流通过铝导线的连接处，利用其接触电阻产生的高温高热将导线的铝芯线熔接在一起。电阻焊应使用特殊的降压变压器（1kV · A、初级 220V、次级 6 ~ 12V），配以专用焊钳和碳棒电极，如图 3－32 所示。

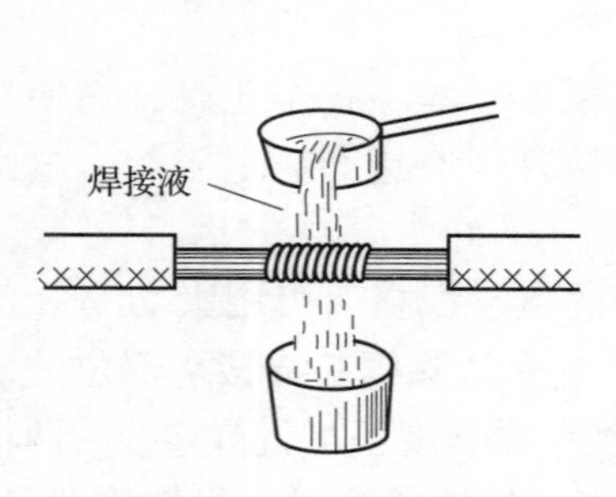

图 3－31　浇焊方式

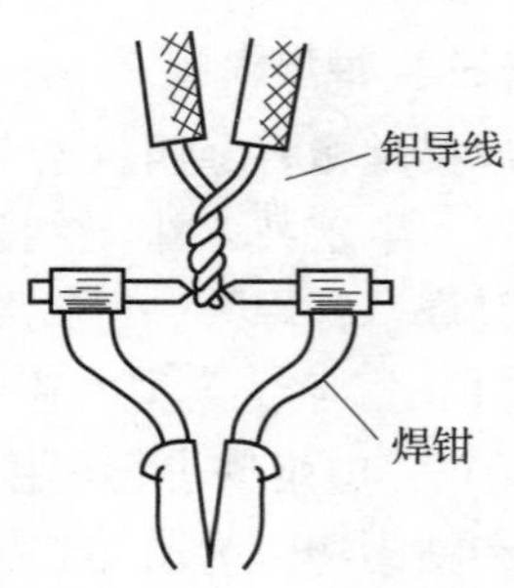

图 3－32　铝导线接头的焊接

气焊是指利用气焊枪的高温火焰，将铝芯线的连接点加热，使待连接的铝芯线相互熔融连接。气焊前应将待连接的铝芯线绞合，或用铝丝或铁丝绑扎固定，如图 3－33 所示。

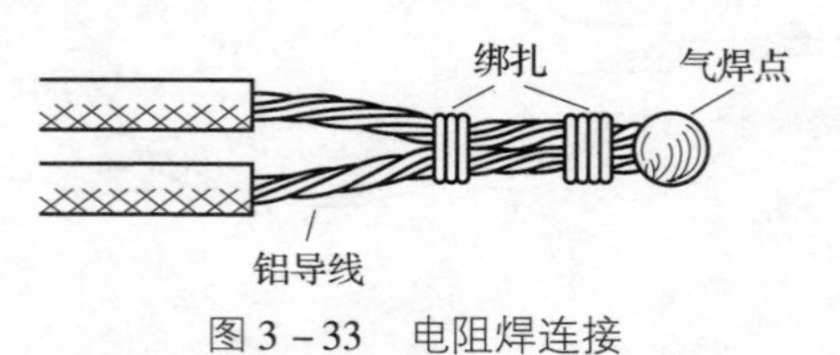

图 3－33　电阻焊连接

二、导线连接处的绝缘处理

为了进行连接，导线连接处的绝缘层已被去除。导线连接完成后，必须对所有绝缘层已被去除的部位进行绝缘处理，以恢复导线的绝缘性能，恢复后的绝缘强度不应低于导线原有的绝缘强度。

导线连接处的绝缘处理通常采用绝缘胶带进行缠裹包扎。一般电工常用的绝缘带有黄蜡带、涤纶薄膜带、黑胶布带、塑料胶带、橡胶胶带等。绝缘胶带的宽度常用20mm的，使用较为方便。

（一）一般导线接头的绝缘处理

一字形连接的导线接头可按图3－34所示进行绝缘处理，先包缠一层黄蜡带，再包缠一层黑胶布带。将黄蜡带从接头左边绝缘完好的绝缘层上开始包缠，包缠两圈后进入剥除了绝缘层的芯线部分，如图3－34（a）。包缠时黄蜡带应与导线成55°左右的倾斜角，每圈压叠带宽的1/2，如图3－34（b），直至包缠到接头右边两圈距离的完好绝缘层处。然后将黑胶布带接在黄蜡带的尾端，按另一斜叠方向从右向左包缠，如图3－34（c）、图3－34（d），仍每圈压叠带宽的1/2，直至将黄蜡带完全包缠住。包缠处理中应用力拉紧

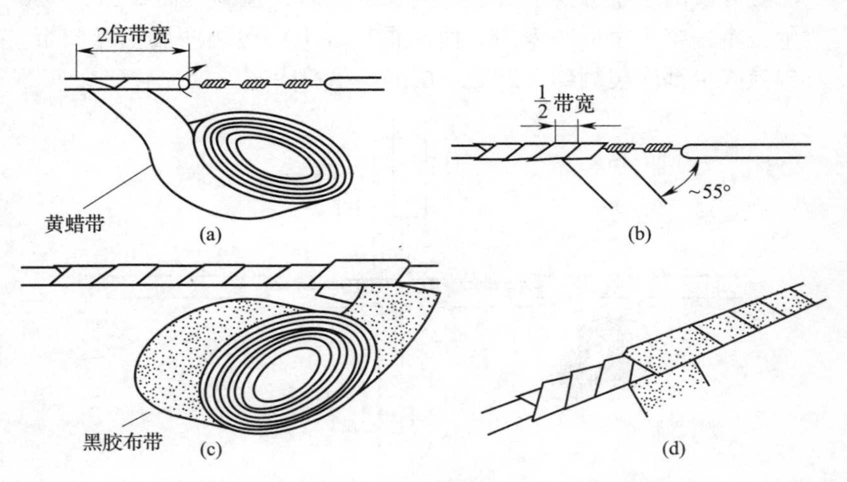

图3－34　一字形连接的导线接头绝缘处理

胶带，注意不可稀疏，更不能露出芯线，以确保绝缘质量和用电安全。对于220V线路，也可不用黄蜡带，只用黑胶布带或塑料胶带包缠两层。在潮湿场所应使用聚氯乙烯绝缘胶带或涤纶绝缘胶带。

(二) T字分支接头的绝缘处理

导线分支接头的绝缘处理基本方法同上，T字分支接头的包缠方向如图3－35所示，走一个T字形的来回，使每根导线上都包缠两层绝缘胶带，每根导线都应包缠到完好绝缘层的2倍胶带宽度处。

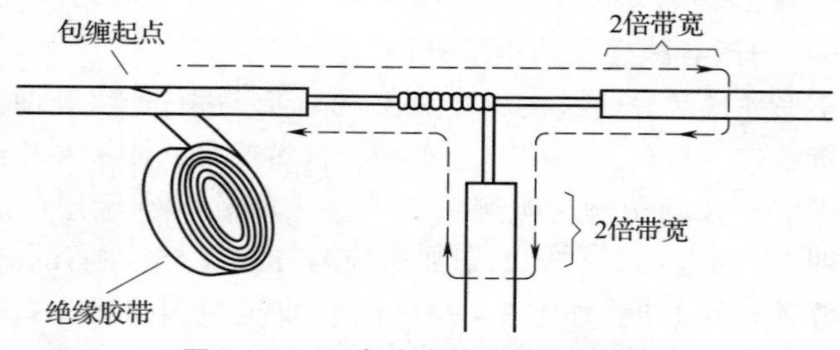

图3－35　T字分支接头的包缠方向

(三) 十字分支接头的绝缘处理

对导线的十字分支接头进行绝缘处理时，包缠方向如图3－36所示，走一个十字形的来回，使每根导线上都包缠两层绝缘胶带，每根导线也都应包缠到完好绝缘层的2倍胶带宽度处。

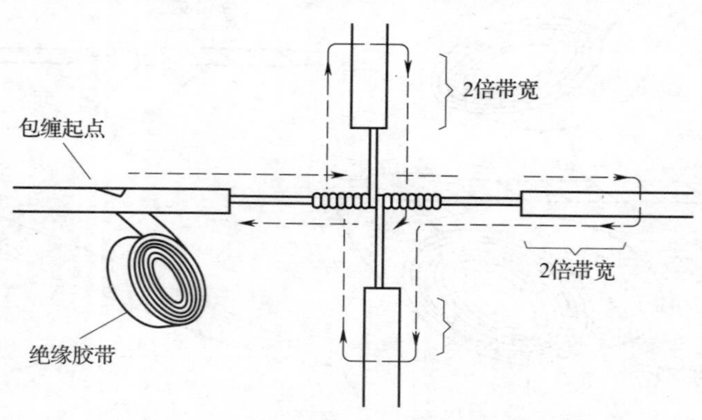

图3－36　十字分支接头进行绝缘处理

第四章　村镇住宅常见家用电器选择与布置

第一节　家用电器负荷情况

随着我国城镇化推进和经济结构调整，各种不同功能的家用电器相继引入村镇中，家用电器的普及和发展将影响住宅用电负荷的发展方向。住宅的主要用电负荷是照明和家用电器。照明的用电量与建筑面积成正比，住宅照明功率密度现行值为 $7W/m^2$。从发展趋势上看，随着高效节能光源和灯具的推广应用，住宅照明负荷会有所下降；但随着生活水平的提高，人们会愈发重视居住照明环境，比如采用间接照明和局部照明，照明功率密度值又可能有所提高，所以照明设备的总体功率变化不大。家用电器与日常家庭生活密切相关，人们在控制和使用它的过程中要直接与之发生接触。由于家用电器的使用对象有老幼妇孺和许多没有受过电工知识培训的人，因此，家用电器的安全使用就显得尤为重要。家用电器绝大部分采用单相电源，这些家用电器有的带单相电动机，如电风扇、电吹风、电冰箱等；有的带单相变压器，如交流收音机、电视机、收录机等；有的是一组单相电热丝，如电熨斗、电烙铁、白炽灯等。家用电器按产品的功能、用途分类较常见，大致分为 8 类：

（1）制冷电器。包括家用冰箱、冷饮机等。

（2）空调器。包括房间空调器、电扇、换气扇、冷热风器、空气去湿器等。

（3）清洁电器。包括洗衣机、干衣机、电熨斗、吸尘器、地板打蜡机等。

（4）厨房电器。包括电灶、微波炉、电磁灶、电烤箱、电饭锅、洗碟机、电热水器、食物加工机等。

（5）电暖器具。包括电热毯、电热被、水热毯、电热服、空间加热器等。

（6）整容保健电器。包括电动剃须刀、电吹风、整发器、超声波洗面器、电动按摩器等。

（7）声像电器。包括微型投影仪、电视机、收音机、录音机、录像机、摄像机、组合音响等。

（8）其他电器，如烟火报警器、电铃等。

一些在村镇中常见的家用电器功率举例如表4－1所示。

表4－1　居民电器信息表举例

设备名称	额定功率（W）	容量/规格/品牌	设备型号
空调	930	分体挂壁式房间空调	KFRd－26GW
电冰箱	890	冷冻/藏室46/104L	新飞 BCD－150
洗衣机	120～240	洗/脱容量4/3kg	XPB42－80063
热水器	1100～2000	海尔60L储水式	FCD－HX60E
电视机	70	吋	T2168K
台式机	100～400	—	—
笔记本	60～150	—	—
饮水机	550	温热型加热18.9L/桶	YD－
微波炉	1180	格兰仕	P70D20TL－D4
电加热	1000～3000	电膜式加热	NDYC－21
电磁炉	1200	规格436×256mm	D22
荧光灯	11	环形灯管86D	—

第二节　线路及家用电器的选择

一、导线的选择

导线是用于传输电能、传递信息和实现电磁能量转换的电工产品，广泛地应用于工农业生产中。由导线组成的供电网络线路长，分支线多，并有更多的机会与可燃物或建筑物相接触。

导线的绝缘材料大多为有机高分子材料，容易分解产生挥发物，吸收导体高温热量从而形成燃烧。当导线电缆集中敷设或成束敷设时，其引燃温度比自燃点往往还要低，在绝缘材料老化的情况下，自燃点也随之下降。一般条件下，导体在允许温度下运行，绝缘材料不会发生分解，但当导线电缆发生短路、过载、局部过热、电火花或电弧等故障状态时，所产生的热量将远远超过正常状态，因而会形成火灾，导线在着火同时还产生有毒气体，如氯化氢、一氧化碳等，常对灭火人员造成威胁。

导线因使用场所和电压等级不同，其类型也很多。为了确保网络的安全经济运行和防火安全，在工程设计时，必须考虑其类型、使用环境、敷设方法和截面选择。

(一) 类型选择

1. 导线材料的选择

导线按材料可分为铜芯线和铝芯线两大类。在爆炸危险场所、腐蚀性严重的地方、移动设备处和控制回路宜用铜芯线。在建筑中，考虑负荷相对集中以及防火安全方面的问题，为提高截面的载流能力，便于敷设，要求采用铜芯线。

2. 导线型号的选择

导线按有无绝缘和保护层分为裸导线和绝缘线。裸导线没有任何绝缘和保护层，主要用于室外架空线。绝缘线是有绝缘包皮的导线，如果再加保护层，则具有防潮湿、耐腐蚀等性能。绝缘线按绝缘和保护层的不同又分为多种型号，例如常用的橡皮绝缘线（BX、BLX、BBX、BBLX），用玻璃丝或棉纱作保护层，柔软性好，但耐热性差，易受油类腐蚀，且易延燃；塑料绝缘线（BV、BLV、BVV、BLVV）绝缘性能良好，价格低，可代替橡皮线，以节约棉纱，缺点是气候适应性差，低温下会变硬发脆，高温下增塑剂易挥发，加速绝缘老化；氯丁橡皮线（BLXF）耐油性能好，不延燃，具有取代普通橡皮线之趋势。另外，绝缘导线根据线芯软硬又分为硬线和软线，软线芯线均为多股铜芯。

（二）截面选择

导线截面的选择应按敷设方式、环境条件确定，其导体载流量不应小于计算电流，线路电压损失不应超过允许值，导体应满足动稳定与热稳定的要求，并且导体最小截面应满足机械强度的要求。

1. 按发热条件选择截面

由导线电缆的允许载流量 I_{ux} 对应于导线的允许温度、环境温度，不同导线材质、不同导线的截面积均有一导线的允许载流量与之对应，因此，实际工程的导线允许载流量可查相关的电气工程手册资料获得，聚氯乙烯绝缘导线明敷的载流量如表 4－2 所示。

表 4－2　聚氯乙烯绝缘导线明敷的载流量（A）

（$\theta_2=65$℃）

截面（mm^2）	BLV 铝芯				BR、BVR 铜芯			
	25℃	30℃	35℃	40℃	25℃	30℃	35℃	40℃
1.0	—	—	—	—	19	17	16	15
1.5	18	16	15	14	24	22	20	18
2.5	25	23	21	19	32	29	27	25
4.0	32	29	27	25	42	39	36	33
6.0	42	39	36	33	55	51	47	43

导线允许温度是考虑了导线接头部位易氧化和绝缘材料具有热老化性能的条件下规定的，裸导线 $\theta_2=70$℃，绝缘线 $\theta_2=65$℃。

电缆的允许温度与电压等级有关。为防绝缘老化和因热胀冷缩而使绝缘材料电离击穿，规定聚氯乙烯电缆 $\theta_2=65$℃；对铅包铝芯电缆，1kV 时，$\theta_2=80$℃，10kV 时，$\theta_2=50$℃。

周围介质温度对导线指的是空气温度，它是按最热月份下午 1 点的平均温度规定的。电缆在空气中 $\theta_1=25$℃，在地下 $\theta_1=15$℃。

在按发热条件选择截面时，只要导线电缆允许载流量 I_{ux} 不小于计算负荷电流 I_j 就可以了，即：

$$I_{ux} \geqslant I_j \tag{4-1}$$

当使用环境介质温度与表格中规定的周围介质温度不符合时，导线电缆允许载流量应按下式予以修正：

$$I'_{ux} = I_{ux} \times \sqrt{\frac{\theta_2 - \theta_1}{\theta_2 - \theta_0}} \tag{4-2}$$

式中：I'_{ux}——环境温度为 θ_1时，导线电缆的允许电流，A；

θ_2——导线电缆的额定温度或允许的最高温度，℃；

θ_1——安装处的环境温度，℃；

θ_0——导线电缆规定的环境温度，℃。

其他各种导线电缆的载流量可从有关手册中查到。

按上述方法选择的导线电缆截面，长期连续通过负荷电流时，发热温度不会超过允许工作温度，否则，导线电缆将过热，使绝缘加速老化，严重时引起火灾。

按上述方法选择的导体截面积 S，其允许载流量与保护装置还应满足一定的配合关系。对长时负荷，导线电缆截面只要满足（4-1）式即可。另外，为确保短路时导线电缆能安全运行，不被烧坏，线路保护装置与导线载流量之间的配合关系，如线路的允许载流 I_{ux}与熔断器熔体额定电流 I_{er}的关系还必须满足明敷时 $I_{er} \leqslant 1.5I_{ux}$，暗敷时 $I_{er} \leqslant 2.5I_{ux}$的关系。

2. 按电压损失选择截面

电流通过导线电缆时，在电阻和电抗上除电能消耗外，还有电压损失。这样，用电设备的端电压就可能出现小于额定电压的现象，从而影响用电设备的正常运行，甚至发生火灾。因此，对于电气线路较长的输配电系统，可按电压损失不超过5%来选择导线截面，按发热选择方法来校验，具体的计算方法可参见其他电气类书籍。

3. 导体的热稳定性校验和动稳定性校验

在电缆配电线路中，用短路电流校验电缆的热稳定性，电缆截面与断路器的切断时间有关，当通过短路电流 I_d时，电缆不被烧坏的最小截面 S_{min}如（4-3）式所示。若截面小于 S_{min}，在电缆故障时，不但会烧坏，而且在爆炸火灾危险场所会引起火灾和爆炸事故并将波及其他线路和设备。

$$S_{\min} = \frac{I_{\mathrm{d}}}{c}\sqrt{t_{\mathrm{j}}}(\mathrm{mm}^2) \tag{4-3}$$

式中：I_{d}——短路电流，A；

c——与导体材料有关的系数，铜线时取175，铝线时取92；

t_{j}——通过短路电流的假想时间，s。

假定按发热条件选得的电缆截面为$22\mathrm{mm}^2$，当$t_{\mathrm{j}}=0.6\mathrm{s}$，$I_{\infty}=26\mathrm{kA}$时，$S_{\min}\approx 120\mathrm{mm}^2>22\mathrm{mm}^2$，不满足热稳定要求，即短路时会使电缆烧坏。防止电缆不被烧坏的措施是降低t_{j}值，或加大电缆截面。比如，用熔断器代替断路器，熔断器遮断时间$t_{\mathrm{j}}=0.01\mathrm{s}$，$S_{\min}=14.8\mathrm{mm}^2<22\mathrm{mm}^2$，故当发生短路时铜芯不会烧断。

此外，要满足动稳定性校验和热稳定性校验，还应该满足式(4-4)：

$$\begin{cases} \text{动稳定性校验} \quad I_{\mathrm{egmax}} \geqslant I_{\mathrm{ch}} \text{ 或 } i_{\mathrm{egmax}} \geqslant i_{\mathrm{ch}} \\ \text{热稳定性校验} \quad I_{\mathrm{t}}^2 \cdot t \geqslant I_{\infty}^2 t_{\mathrm{jx}} \text{ 或 } I_{\mathrm{t}} \geqslant I_{\infty}\sqrt{\dfrac{t_{\mathrm{jx}}}{t}} \end{cases} \tag{4-4}$$

式中：I_{egmax}，i_{egmax}——设备允许通过最大电流的有效值、峰值，A；

I_{ch}、i_{ch}——短路冲击电流的有效值、峰值，A；

I_{t}——t秒内的热稳定电流，A；

t——与I_{t}对应的时间，s；

t_{jx}——假想时间，s。

用熔断器保护的设备可以不校验动稳定和热稳定。

4. 按机械强度选择截面

导体最小截面应满足机械强度的要求，固定敷设的导线最小芯线截面应符合表4-3的规定。

表4-3 绝缘导线最小允许截面（mm^2）

用途及敷设方式	芯线的最小截面		
	铜芯软线	铜线	铝线
照明用线头灯：			
（1）屋内	0.4	1.0	2.5
（2）屋外	1.0	1.0	2.5

续表 4－3

用途及敷设方式	芯线的最小截面		
	铜芯软线	铜线	铝线
移动式用电设备：			
（1）屋内	0.75	—	—
（2）屋外	1.0	—	—
架设在绝缘支持件上的绝缘导线其支持点间距：			
（1）2m 及以下，屋内	—	1.0	2.5
（2）2m 及以下，屋外	—	1.5	2.5
（3）6m 及以下	—	2.5	4
（4）15m 及以下	—	4	6
（5）25m 及以下	—	6	10
穿管敷设的绝缘导线	1.0	1.0	2.5
塑料护套线沿墙明敷设	—	1.0	2.5

二、家用电器的选择

村民进行家用电器的负荷增添时，要根据导线的截面大小对室内的总负荷进行限定，不然很容易出现使用负荷超过整个电气系统的最大额定承载值，即电气线路超负荷或电气线路过载。在保证安全的情况下，户内所使用的家用电器的数量由室内所用导线的最大额定承载能力决定，即需要保证室内所使用所有电器的实际负荷的总量小于进户线的最大允许负载。这样就需要我们根据室内导线在室温下的最大允许载流量来对户内使用的家用电器进行选择。如果在增添家用电器时，室内的总负荷超出了预期的室内额定负荷，就需要对室内的线路进行更换，以免发生危险。

（一）室内负荷根据导线最大允许载流量计算

室内可承受负载可由电压及室内使用线路最大允许载流量计算得到：

$$P = I_j \times U \times \cos\varphi \tag{4-5}$$

式中：P——室内单相用电设备的总功率，W；

U——用电设备的额定相电压，V，取220V；

$\cos\varphi$——功率因子，取0.9。

根据导线不同截面在室温25℃下的最大载流量计算的负荷如表4-4：

表4-4 室内负荷计算

导线截面（mm²）	BLV 铝芯	BR、BVR 铜芯
	室内最大允许功率（kW）	
1.0	—	3.762
1.5	3.564	4.752
2.5	4.950	6.336
4.0	6.336	8.316
6.0	8.316	10.89

如表4-4所示，当用上述型号的导线作为入户线时，其室内所有用电负荷的功率之和不得大于其导线最大额定载流量所对应的室内计算负荷，并且需要留有一定的余量，以保证在线路出现问题时不会有过载现象的发生。

（二）电器选择

以一三居室的农村住宅为例，如图4-1所示，其进户线若采用1.5mm²的BLV铝芯线，在不考虑线路老化、破损等异常情况下，常温时，其在明敷情况下室内最大允许功率为3.564kW，其室内根据上述所列家电功率计算可布置电视机、饮水机、电饭锅、洗衣机、风扇，照明及其它不常用的一些充电设备的总负荷不得超过1kW。将电视机、饮水机布置在客厅，风扇布置在卧室，电饭锅布置在厨房，洗衣机、热水机布置在厕所。若将其进户线更换为1.5mm²的BVR铜芯线，则可增添至多1kW的家电设备，如电磁炉或节能空调。同理，当采用1.5mm²的铜芯线时，其室内根据上述所列家电功率计算可布置电视机、饮水机、热水器、电饭锅、洗衣机、风扇。以此类推，当增加入户线的截面面积时，则可根据入户线的类型增添用电设备，如采用 2.5mm^2 的铝芯线时，还可增添电磁炉等超过 1kW 的大功率用电设备，但需要将室内的计算负荷预留一定数值，当线路发生老化，其可以通过的最大允许载流量减小时，可以保障整个室内的用电系统安全。

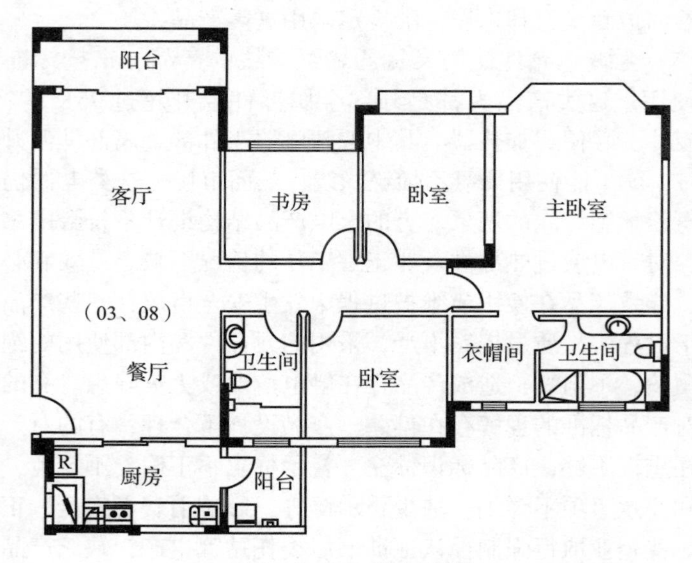

图 4－1 三居室示意图

第三节 家用电器使用安全隐患

家用电器造成的安全隐患，包括触电、火灾、机械伤害、射线辐射等，其中以触电和火灾最为突出。原因主要在于以下几个方面。

1. 产品质量问题

家用电器质量不合格造成的触电、火灾等事故时有发生，其中相当一部分是电源线质量不合格所致。

(1) 电炒锅、电饭锅、日用电炉、电烙铁和液体加热器具(包括电热杯、电热水瓶、电热锅、煮奶锅、电茶壶、电咖啡壶、电压力锅、开水器等) 应采用纤维编织或橡套软电缆的产品，却未按标准规定采用这类产品。其中日用电炉、电烙铁和各种液体加热器具不按规定使用电源线的现象较为严重。

(2) 真空吸尘器、电动食品加工器具等应采用橡套软电缆或聚氯乙烯护套线，却未按标准规定采用这类产品。

(3) 强调不允许使用聚氯乙烯绝缘线的产品，未按标准规定停止使用。这类产品大都是外部金属部件温升超过 75K 的产品，如电熨斗、轻便式加热器。其中按摩电器当外部金属部件温升超过 60K 时，就不能使用聚氯乙烯绝缘线，然而市场上这类电器仍有使用聚氯乙烯绝缘线的现象。有的家电产品结构设计不符合国家标准要求，对带电或过热部件及非正常工作的情况下缺乏有效和必要的防护，导致产品在使用或维护过程中发生安全事故；一些产品在生产加工过程中，质量控制不严，采用的元器件和内部使用的绝缘材料不耐热、不阻燃，造成产品存在触电危险或火灾隐患。有的生产企业对产品标准的理解存在偏差，产品设计不合理；有的对产品标识标注重视不够，产品标识标注、警示标志不正确、不规范，使用说明和注意事项不详细，缺少警示语等，影响消费者安全、正确使用。一些企业取得强制性认证证书后委托贴牌生产，缺乏产品质量把关。

2. 接地保护问题

由于目前一般住宅及高层建筑内大都没有专用地线，以致办公室或住户内家用电器所带的接地线（或要求装设地线的）不知接何处，因而使用家用电器时曾发生过不少触电伤亡事故。据了解，家用电器的接地情况很乱，有的将接地线空着，有的将带有接地头的单相三眼插头与插座改成单相两眼插头或插座，有的将地线挂接在供水、供气的管道上（应注意由于管子接头缠了黄麻等不导电物质，在电气上是“不连续”的，其接地电阻很大，若为煤气管道，一旦产生火花将会发生爆炸)，还有的将电器外壳经插座内直通电源的接零桩头（接线柱）与零线相连，这很危险，若火线与零线接反，火线便接通到电器外壳上了，即使未相混，一旦零线断开，电器外壳将可能带有 200V 电压。据有关部门 2006 年调查统计，我国大城市仅有 57% 的家庭能做到对 I 类家用电器进行接零保护，农村几乎 100% 没有对 I 类家用电器进行接地保护。农村目前住宅里的插座都是没有接地线的两孔插座，使用三孔插座的接地线也未可靠接地，根本没有保护接地措施。因此， I 类电器的金属外壳漏电保护问题应引起电力部门和广大电能用户特别是农村用户的高度重视，采取有效措施，解决家用 I 类电器的接地或接零问题，以确保安全。

3. 家电超期使用

近年因使用“超龄”家电导致的安全事故越来越多，家电产品属于大件耐用消费品，消费者在购买使用时大多有“用到不能用才换”的心理。不过，专家提醒消费者所有的家电都有安全使用寿命，这同食品有安全保质期一样。超过保质期就应该报废，否则就会增加安全隐患。据从事多年家电维修工作的专业人士介绍，当电视机超过安全使用寿命，随着电器元件的老化，电视就会发生图像不清晰、颤抖等故障，电视的辐射也会增大。老化的电视机受到震动、冲击、碰撞、骤冷、骤热以及电视机内积尘污垢过多或电线短路造成局部过热，都能引起显像管爆炸；过于老旧的冰箱，保鲜和杀菌的功能会退化，导致食物串味，不能保鲜，同时，制冷剂也会泄漏，污染环境，危害健康；超龄洗衣机经常会出现渗水等小毛病，严重时还会漏电。从家用电器产品本身来说，一般在设计和制造上对安全都做了充分的考虑，以确保人身安全，如限制产品对地的泄漏电流，将外壳接地，保证足够的漏电距离和电气间隙，采用双重绝缘或加强绝缘的结构，使用安全电压，保证电源连接线的耐弯折能力，以防止被扭折或脱接，防止因电容器放电而发生触电危险等等。所以新购买的电器只要正确使用，一般不存在安全隐患问题，存在问题的是旧家电。

第四节 家用电器使用中如何确保用电安全

一、提高绝缘性能和设计安全性

1. 提高绝缘性能

绝缘性能愈好，则漏电电流就愈小，外壳对地电压就愈低。如果电器外壳全部采用绝缘材料制造（包括常用的旋钮等），便可避免人体与金属接触，则更利于保障人身安全。对于含变压器一类的家用电器，若出现“带电”现象时，最简单的办法是调换电源插头两极的插入方向。但对含电热丝和电动机类的家用电器则不适用此法，应采用绝缘物增强隔电能力，如人可站在干燥的木质支架或木板上，使人与大地间有良好的绝缘。使用电熨斗之类的电器时，即使外壳漏电，因人与大地间绝缘电阻很大，流过人体的电流极小（不超过1mA），也不会引起触电事故。在日常，应对电饭锅、电熨斗、电冰箱、电热毯、洗衣机等其导电部位可以和人体直接接触的设备进行绝缘性能检查，以保证不会发生触电等类似事故。

2. 提高设计安全性

（1）安装温度保险丝。防止用温控器控制温度的电热器过热，可安装温度保险丝。当温升超过限度时，保险丝即会熔化而切断电源，它适用于80～230℃范围。此外，也可以采用双金属式温控器，将其温度控制调整适当，便可防止温度过高与电热器过热。

（2）应用漏电保护装置。应用漏电保护装置确保家用电器的使用安全，这一点已被国内外低压配电网内的实践所证实。根据实际需要，可设置用电设备的分线漏电保护及住宅线路的总漏电保护器以实现多重保护或称分级保护。

二、安全安装

1. 满足电器安装环境的要求

购买家用电器，首先应认真查看产品说明书中的技术规格，如电源种类是交流还是直流，电源频率是否为一般工业频率 50Hz，电源电压是否为民用生活用电 220V，电器耗电功率多少，家庭已有的供电能力能否满足，特别是插头座、保险丝、电度表和导线。如果负荷超过允许限度使其发热损坏绝缘，将引起用电事故。上述内容核对无误，方可考虑安装通电。安装家用电器应查看产品说明书中对安装环境的要求，特别注意在可能的条件下，不要把家用电器安装在湿热、灰尘多、有易燃和腐蚀性气体的环境中。

2. 必须接地或接公用零线

家用电器中的电冰箱、洗衣机、电风扇、微机、空调等都属于Ⅰ类电器，它们的特点是电源引线采用三脚插头，其中三脚插头中的顶脚与电器的金属外壳相连。按照Ⅰ类电器的安全使用要求，使用时金属外壳必须接地或接公用零线，即所谓的保护接地和保护接零。

3. 正确接线 V

在铺设电源线路时，相线、零线应标志明晰，并与家用电器接线保持一致，不得接错。家用电器与电源连接，必须有可开断的开关或插接头，禁止将导线直接插入插座孔。凡要求保护接地或保护接零的，都应采用三脚插头和三眼插座，并且接地、接零插脚与插孔都应与相应插脚与插孔有严格区别。禁止用对称双脚插头和双眼插座代替三脚插头和三眼插座，以防接插错误，造成家用电器金属外壳带电，引起触电事故。接地、接零线虽然正常时不带电，但为了安全，其导线规格要求应大于相线，其上不得装开关或保险丝，也禁止随意将其接到自来水、暖水、煤气或其他管道上。

三、安全使用

1. 确保漏电保护器正常工作

漏电保护器在运行过程中要定期试验，通常每月至少试验一次其动作的可靠性，方法是：接通电源时，按一下它的试验按钮，能立即跳闸，说明它本身是动作的。保护装置动作后不要盲目送电，应查明原因再恢复通电。因为保护装置动作一般是电路发生故障或家用电器的金属外壳漏电造成的，若不查明原因强行送电往往会造成供电线路损坏或人体触电事故。特别注意的是保险丝烧断后绝对不允许用铜丝、铁丝、铝丝等代替保险丝强行送电，也不能用额定电流大的保险丝代替。

2. 及时淘汰“超龄”旧家电

由国家标准化管理委员会审批出台的《家用和类似用途电器的安全使用年限和再生利用通则》（以下简称《通则》）已开始实施，与此相关的《家用电器安全使用年限细则》（以下简称《细则》）也同时推出。该《通则》规定了家电“退休”年龄，生产厂家要对其生产的家电标明安全使用期限，并规定安全使用期限从消费者购买之日计起。在厂商标明的安全期限内，消费者正常使用家电产品时发生安全事故，所有责任都将由厂商承担。

3. 定期测量电动类家用电器的绝缘电阻

一般每隔三年请专业人员，用500V摇表测量电动类家用电器电动机的绕阻与外壳的绝缘电阻，一般采用基本绝缘的电器，若阻值在2MΩ以上可以放心使用；采用加强绝缘的电器，若阻值在7MΩ以上可以放心使用。若绝缘电阻达不到上述要求，应查明原因，排除故障，待绝缘电阻达到要求时才能使用。测量时间应选择在空气比较潮湿的夏天，另外对长期不用（一般指超过3个月）或受潮的电动类家用电器使用前也要测量绝缘电阻，看是否达到要求。

4. 电器出现异常现象立即断电

在使用家用电器时若发现异常，例如发现电压异常升高或降低，家用电器有异常的响声、气味、温度、冒烟、火光等，要立即断开电源，请专业人员修理。

第五章　村镇电气防火技术方法和管理措施

第一节　电气火灾预防和监控

为有效预防村镇电气火灾的发生，采用有效的电气火灾监控措施是最直接、有效的方式之一。电气火灾监控的措施主要体现在两方面，一是采用电气火灾预警系统，通过监测配电柜、配电箱等处的电气线路的温度、剩余电流或故障电弧实现电气火灾监控。二是采用无线火灾自动报警系统形式，在用户侧安装火灾探测器，通过无线传输方式进行火灾探测和报警，当监测到火灾发生，通过手机短信、电话等形式推送给用户本身或物业管理部门，实现火灾报警。

一、电气火灾监控系统

（一）电气火灾监控系统的定义

电气火灾监控系统：当被保护线路中的被探测参数超过设定值时，能够发出报警信号、控制信号并能指示报警部位的系统。它由电气火灾监控设备、电气火灾监控探测器组成。

电气火灾监控探测器：探测被保护线路中的剩余电流、温度等电气火灾危险参数变化的探测器。

电气火灾监控设备：能接收来自电气火灾监控探测器的报警信号，能发出声、光报警信号和控制信号，指示报警部位，记录并保存报警信息的装置。

（二）安装漏电电气火灾监控系统的必要性

漏电产生的情况比较复杂而且极具隐蔽性，归纳起来有如下几种情况：电气设备的电路板本身存在漏电，或电气设备内的电容介质不够强在潮湿多尘的环境下产生漏电；导线绝缘层老化或破损；

导线施工不规范、偷工减料，如导线不穿阻燃管，直接埋于墙内或置于桁架上；施工时为了省导线直接埋设于一些潮湿的地方；另存在一些人为的原因，比如乱拉乱接，对电气设备和导线的维护保养意识薄弱等。

漏电是难以避难和预知的，而且泄漏电流达到300～500mA时就足以产生电火花引燃周围的可燃物或易燃物，引起火灾。泄漏的电流在流入大地途中，遇大电阻部位时会产生局部高温，导线温度升高，可能自身着火或引燃周围可燃、易燃物引发火灾。

随着人们生活水平的提高，家用电器的不断增加，在用电过程中，由于电气设备本身的缺陷、使用不当和安全技术措施不利而造成的人身触电和火灾事故，给人民的生命和财产带来了不应有的损失，而漏电保护器的出现，对预防各类事故的发生，及时切断电源，保护设备和人身安全，提供了可靠而有效的技术手段。

（三）家庭漏电电气火灾监控系统的安装及检查维护

剩余电流动作保护器（漏电保护器）因采用自动切断电源的保护方式而被农网改造后的广大农村普遍使用。凡有可能触及带电部件或在潮湿场所装有电气设备时，都应装设漏电保护装置，以保护人身安全，因此村镇每个家庭应配备漏电保护装置。

1. 漏电电气火灾监控系统的安装注意事项

安装剩余电流电气火灾监控系统时，可根据漏电电气火灾监控器的分布位置及实现功能采用多路总线制。安装剩余电流火灾监控装置时，可根据不同区域做出合理的分布设计，确定适当的保护范围、预定剩余电流动作值和动作时间，并应满足分级保护的动作特性要求。具体根据回路的额定工作电流情况选择漏电报警器的型号。

在具体的安装过程中应注意：

（1）应安装在干燥、清洁的地方，不能装在露天和潮湿的地方，不能装在灰尘多、受烟熏的地方。

（2）漏电开关的进、出线不可接反。

（3）应由电工动手安装，切勿自行安装。

（4）避免数家共用一台单相漏电开关：

①因不是自家的，故管理维护的热情不高，尤其是损坏后都不管。

②一家接地，漏电开关跳闸，影响别家供电，且由于家庭多、漏电大，跳闸概率高。

③某家接地，查找故障点不易，几家互相抱怨，有的为供电甚至人为使开关跳不了闸，造成漏电开关损坏，或干脆将漏电开关退出。

④一般单相漏电开关的容量较小，而几家的负荷电流加起来就较大，容易烧坏开关触头。

2. 漏电保护器使用时应注意事项

（1）漏电保护器适用于电源中性点直接接地或经过电阻、电抗接地的低压配电系统。对于电源中性点不接地的系统，则不宜采用漏电保护器，因为后者不能构成泄漏电气回路，即使发生了接地故障，产生了大于或等于漏电保护器的额定动作电流，该保护器也不能及时动作切断电源回路，或者依靠人体接地故障点去构成泄漏电气回路，促使漏电保护器动作，切断电源回路。但是，这对人体仍不安全。显而易见，必须具备接地装置的条件，电气设备发生漏电，且漏电电流达到动作电流时，就能在0.1s内立即跳闸，切断电源主回路。

（2）漏电保护器保护线路的工作中性线N要通过零序电流互感器。否则，在接通后就会有一个不平衡电流使漏电保护器产生误动作。

（3）接零保护线（PE）不准通过零序电流互感器。因为保护线路（PE）通过零序电流互感器时，漏电电流经PE保护线又回穿过零序电流互感器，导致电流抵消，而互感器上检测不出漏电电流值。在出现故障时，造成漏电保护器不动作，起不到保护作用。

（4）控制回路的工作中性线不能进行重复接地。一方面，重复接地时，在正常工作情况下，工作电流的一部分经由重复接地回到电源中性点，在电流互感器中会出现不平衡电流，当不平衡电流达到一定值时，漏电保护器便产生误动作；另一方面，因故障漏电时，保护线上的漏电电流也可能穿过电流互感器的个性线回到电源中性点，抵消了互感器的漏电电流，而使保护器拒绝动作。

（5）漏电保护器后面的工作中性线 N 与保护线（PE）不能合并为一体。如果二者合并为一体，当出现漏电故障或人体触电时，漏电电流经由电流互感器回路，结果又雷同于情况（3），造成漏电保护器拒绝动作。

（6）被保护的用电设备与漏电保护器之间的各线互相不能碰接。如果出现线间相碰或零线间相交接，会立刻破坏了零序平衡电流值，而引起漏电保护器误动作。另外，被保护的用电设备只能并联安装在漏电保护器之后，接线保证正确，也不许将用电设备接在实验按钮的接线处。

3. 漏电保护装置的巡视检查与定期维护

（1）漏电保护装置的巡视检查。安装使用触电漏电保护器是提高安全用电水平的措施之一，必须与安全用电管理相结合才能收到显著的效果。

目前，农村电网多为 TT 系统，采用二级保护的较多。其中，一级保护是总保护器，二级保护是末级保护器，也称进户保护器。二级保护器的可靠运行使设备免受损坏，避免人身伤亡事故的发生。但在使用中，一些低压电网或用户私自退出保护器运行或有意使其不动作的现象时有发生，这给安全用电留下了隐患。要使触电漏电保护器发挥应有的保护作用，就必须加强对电网的运行管理，建立健全线路和用电设备的巡查制度。在用电高峰期，应增加巡视次数。为了提高漏电保护器的投运率和动作可靠性，电力企业应做好漏电保护装置的巡视检查，做好以下运行管理工作：

①事前准备。检查人员须通晓漏电保护原理，熟悉要处理的漏电保护器的结构特点，具备一定的低压电器知识，才可能为用户提供优质的技术服务。

巡视检查时应带有关材料物品，即熔丝、指示灯泡、电路板等易损件，万用表、尖嘴钳、中小旋凿、串有电阻的接地试验线等工具，以及有关资料、记录本（供记事、分析、研究、总结使用）。

②调查摸底。如同医生看病一样，下乡处理问题人员到现场后应通过“问、闻、看、测”四诊弄清问题的起因、经过和现状，做到心中有数。

问，即询问电工问题的起因、经过和现状，判定故障范围或器件，有何经验教训等。闻，即闻一下保护器内部、接触器线圈等有无过热烧毁的气味。看，即看一下保护器装设是否有误，接线是否正确，有无明显损坏的器件，配电变压器中性点接地线接头是否接触良好等。测，即用万用表测量，看保护器的输入输出电压是否正常，零序电流互感器是否断线，并测量中性点接地电阻大小等。

对触电漏电保护器，要求每月检查试验一次，检查试验的内容包括：操作试验按钮，检查漏电脱扣功能是否完好；检查密封及清洁状况是否良好；检查外壳是否破损，接线端子有无松动和发热，有无断线和碰线等。

③建立档案。触电漏电保护器投入运行前须经用电管理部门检查验收并建立档案。投入运行后应建立运行记录，由责任电工认真填写以下各项内容：名称、型号、生产厂家、出厂日期、安装投运日期，以及正确动作率和防止触电事故次数等。对故障检修也应做详细记录。产权所有者应对漏电保护器建立运行和实验记录。保护器动作后，应立即查找动作原因，建立动作原因报告。如无异常情况可试送一次，试送后再跳闸，就必须找到故障点，处理好后才能送电。不得私自拆除保护器或使保护器晃动。

④定期检查。对运行中的触电漏电保护器需要定期维护，其接线和内部元器件不得任意更换也不准随意调整漏电动作电流整定值。

定期检查运行台区变压器中性点与接地体的连接是否可靠，接触是否良好，接地体电阻是否合格。

定期修剪接近架空线路的树枝，清除可能被风刮起造成架空线路接地的电视天线杆的拉线及其它导体。

检查保护器安装接线是否正确。额定漏电动作电流最大值应符合规程要求，应按试验项目要求做好投运试验。

检查电网的零线不得重复接地。运行台区内有保护接零要拆除的，改为保护接地。及时改正新投运楼房中零线与保护线位置装错的用户。

每月至少对保护器检查接地并试跳1次，用电高峰或雷雨季节还应做不定期检查和试跳。

及时报告检查和试验中发现的质量问题，并更换不合格的保护器。漏电保护器是一种预防电气事故、保护人身及设备安全的电器。由于其在预防触电伤亡事故中有着巨大作用，因此广泛应用于低压电网的安全防护。

在触电漏电保护器的保护范围内发生触电死亡事故时，应当检查触电漏电保护器的动作情况，分析造成事故的原因，在调查前应保护好现场，不得拆除保护器。

漏电保护器运行实践证明，农村电工多能自行安装、调试、管理和维修电压型漏电保护器，但电流型漏电保护器由于结构复杂、功能多、接线多、安装要求严格、运行中出现的故障疑难复杂，有的电工经过努力处理不了，要求乡所、县局漏电保护器管理人员前往帮助处理，需做好漏电保护器的巡视检查。

（2）漏电保护装置的定期维护。运行的触电漏电保护器除按漏电保护特性进行定期试验外，对断路器部分应按低压电器有关要求定期检查维护。表5－1为触电漏电保护器的检查项目、检查方法和检查标准，供运行维护时参考。

表5－1　触电漏电保护器的检查项目、检查方法和检查标准

检查部位	检查项目	检查方法	检查标准
接线端子部分	紧固状态	目测紧固工具	接线端、过渡接头、用来紧固导线的螺钉等不应松动

续表 5－1

检查部位	检查项目	检查方法	检查标准
接线端子部分	过热	目测、热敏电阻温度计	发热不应使邻近的塑料外壳变色、烧损，接线端的温升应在65℃以下
	腐蚀	目测	应对接触电阻影响不大，紧固时不应有腐蚀裂缝
塑料外壳	外观	目测	不应有变形、变色和裂缝
	通气孔	目测	应没有妨碍气体流通的灰尘堆积
	过热	目测、热敏电阻温度计	胶木底座两侧不应有显著的异常发热现象，不应有烧伤所引起的变形、变色
分合机构	分合操作	手动	应操作灵活，不应出现操作力异常增大的情况，各相触电应同时断开、接通
内部结构	机构部分	目测、紧固工具	不应有妨碍连杆及其它部分旋转活动的尘埃堆积，螺钉紧固的部分不应松动，金属部分、导电部分不应有腐蚀和变色
	触电	目测、紧固工具	不应有显著的接触不良及损耗
试验按钮	漏电动作电流	手按动	手指按动试验按钮应易于使其保护动作，手指离开，试验按钮应能自动复位
漏电保护部分	漏电动作电流	接线	实际漏电动作电流应小于额定漏电动作电流，大于额定漏电不动作电流
	漏电动作时间	接线	小于规定漏电动作时间

二、无线火灾自动报警系统

目前，火灾自动报警系统大多采用的是有线的方式，通过报警总线对火灾信号进行有效传输，所以线路的完整性与有效性对整个火灾报警系统起着至关重要的作用。但是，在村镇地区，建筑分散布置，有线火灾自动报警系统布线困难，并且，这种有线火灾自动报警系统需要设置火灾报警控制器，甚至消防控制室。而火灾报警控制器和消防控制室都需要设置在有人值班的房间，在一定程度上增加了管理成本。相对于传统报警系统，无线火灾报警系统不依赖于有线的方式，能多路径、自修复和自管理，不必去进行麻烦的布线，能发现早期火灾，数据结构采用的是分布式，在部分节点损坏时可通过重组继续工作，拥有广泛分布的节点和信息融合机制，能使系统的误报漏报率降到最低。因此，无线火灾自动报警系统将有较大的应用空间。

因此，建议在村镇地区，火灾危险性大的建筑内设置无线火灾探测终端和信息接收端。探测终端由探测器和传输装置组成，当探测器探测到火灾时，将信息转换成火灾信号，同时启动传输装置，在规定时间内发出故障信号和报警信号。信息接收端可以将故障信号和报警信号通过通讯网络按一定程序分别发送至物业管理部门、村镇消防管理办公室、派出所或相关管理人员的手机上，从而实现对火灾危险的监控。

（一）火灾无线探测器

火灾自动报警系统由现场设备、报警控制器和传输线路组成。现场设备包括火灾探测器、手动报警按钮、输入输出模块、声光报警器。其中火灾探测器根据应用场合可分为感烟探测器、感温探测器、紫外火焰探测器、红外光束感烟探测器等。

1. 感烟探测器

感烟探测器适用于火灾初期有阴燃阶段，产生大量的烟和少量的热量，很少或者没有火焰辐射的场所，例如办公室、计算机机房和档案室等，保护面积可达60～80m²。根据工作原理的不同，感烟探测器可分为离子感烟探测器和光电感烟探测器两种，前者较后者灵敏，多用于早期的火灾报警系统，但由于含有放射性元素，回收处理麻烦，现在基本上停止使用了。

2. 感温探测器

感温探测器适用于发生无烟火灾，或者有烟气、蒸汽、粉尘的场所，例如汽车库、厨房、锅炉房等。感温探测器分为定温探测器、差温探测器和差定温探测器三种。定温探测器适用于环境温度变化不大的场所，差温探测器适用于环境温度变化较大的场所，用温度上升速率来衡量其响应时间，而差定温探测器则是结合了两者的特点。

3. 紫外火焰探测器

紫外火焰探测器是通过探测物质燃烧所产生的紫外线来探测火灾的，适用于火灾发生时易产生明火、有强烈的火焰辐射或无阴燃阶段的场所。

4. 红外光束感烟探测器

红外光束感烟探测器是主动式的感烟探测器，必须与反射器配套使用，相对安装在保护空间的两端且在同一水平直线上。当具有一定浓度的烟气扩散进入红外光束通过的保护空间时，烟气即对红外光束起遮挡和散射作用，使探测器收到的红外光束的辐射通量减弱。在辐射通量减弱、直流电频下降到感烟动作阈值时，探测器便输出火灾报警信号。该种探测器常用于大空间仓库、家庭等场所。

（二）无线火灾自动报警系统的优势

无线火警系统具有操作简易、安装灵活、外形美观、网络易扩展、可靠性好以及易于维护等特点，且更符合人们的审美和使用习惯，这一点是有线报警系统不可及的。

1. 施工简单，性价比高

传统的集散式火灾自动报警系统由火灾报警控制器及火灾探测装置组成，其信号传输方面采用有线传输。这种形式下的火灾自动报警系统因施工工期长、硬件故障率高、传输线成本高且不防火等问题常常困扰着消防管理人员，而以无线通信代替有线通信就能够很好地解决这些问题。无线火灾自动报警系统省去了繁琐的工程布线问题，还避免了钻孔、走线对建筑美观的影响，以及对家居整体装饰的破坏，且安装迅速，可节省大量的人力和时间。

2. 灵活性好，组网方便

传统的安防工程均采用有线方式连接前端设备和后端设备，但由于受距离、环境、可变性能等方面的限制，局限性很强。无线系统具有它的优势，比如安装简单，探测器位置选择受到的限制因素少，灵活性好，组网方便。尤其在布线困难的场所和一些临时场所，更能显示其优势。

3. 外形美观

无线火灾自动报警系统内部全部组件是通过无线电波发射和接收信号进行通信活动，全部组件内均为无线，再加上集成技术的使用，以及施工中无需布线，对建筑没有破坏，所以不仅无线火灾报警探测器能做到外形美观，甚至可以做成装饰，而且整个系统布置完成也能做到不影响原有建筑物的美观设计。

4. 可扩展性强

如要增加探测点设备，只要在控制面板上操作或通过计算机就能完成，这也是有线系统所不及的。同时，无线系统还可以作为对原有的有线系统进行改建的扩展方案。目前专业的有线报警系统如果需要增加无线报警功能，是通过在有线系统上增加无线接收器来实现的。当然，这也需要有专业厂家设计实现。

5. 工作稳定可靠，易于维护

新型的无线探测器采用了最先进的低功耗技术，平时的耗电量最低才6μA，配以高能锂电池，电池寿命可达5~10年。新一代的无线系统还能够在键盘上量化显示出所安装无线设备所处位置的无线信号强弱度，从而最大限度地保证无线安防系统工程安装的质量，确保各个无线设备信号的稳定接收。

（三）无线火灾自动报警系统的维护

系统在经检测验收合格后即可交付使用，用户在使用过程中应委托具有相应资质的维护保养消防物业管理公司进行维护保养。维修工作不能重“修”轻“维”，只满足于将故障设备修复正常，维护保养的作用同样重要，它可以消除潜在的隐患，如维修中应检查风机、水泵等的强电控制柜，对已老化的器件及时维护或更换。在测试中也经常遇到因器件老化设备不能正常工作的情况。具体应从以下几方面做好维护保养工作：

（1）感温探测器不应安装在由于天然或工作热源等原因周围的温度容易达到探测器引起误报的环境中。因此，在安装时应注意避免探测器直接接受太阳辐射，应考虑现场可能存在的能够发出热辐射或热蒸汽的设备，并事先采取预防措施。

（2）在空气流动性大的低矮房间中，飞扬的灰尘容易进入感烟探测器中造成假火警。在这种情况下，应对探测器采取附加的保护措施，例如采用适当的屏蔽进行特殊安装。

（3）在工作过程中产生烟或类似的气溶胶能够导致探测器误动作。因此，应注意不要把感烟探测器安装在可能造成气溶胶集聚的工作场所和设备部位上。

（4）红外光束感烟探测器应避免强烈的日光或红外光辐射源作用，安装的发射器和接收器必须固定住，不得松动，同时应避免剧烈振动，在光束轴线上应避开固定遮挡物和流动遮挡物。

（5）火焰探测器由于外部的干扰作用，可能引起误报，有必要采取措施，例如安装遮板或护板，保护火焰探测器免受干扰光线的作用。

（6）及时清洗探测器。火灾探测器投入运行两年后，应每隔三年全部清洗一遍，并作响应阈值及其它必要的功能试验做电参数调整，合格者方可继续使用，不合格者严禁重新安装使用。点型感烟探测器主要分为离子感烟和光电感烟两类，因离子感烟探测器内有放射源，若处理不当会污染环境，所以近年来厂家基本上以生产光电感烟探测器为主。但目前正在使用的探测器中离子感烟探测器还占有相当大的比例。根据《火灾自动报警系统施工及验收规范》GB 50166—2007 的规定，探测器投入运行两年后，应每隔三年全部清洗一遍。以离子探测器为例，空气中的浮尘粘在放射源和电离室的表面，使电离室中离子流减弱，探测器容易误报，同时空气中的水分和浮尘还将缓慢腐蚀放射源，若电离室中的放射源被腐蚀程度超过参考室中的放射源，将导致探测器容易误报。相反，则向报警迟缓或不报警转化。另外，探测器中电子元件的参数漂移也不可忽视，对清洗后的探测器须进行电气参数校验调整。探测器清洗的英文是“Overhaul”，译为“彻底检修”，即将探测器经换源、清洗、电参数调整后，其指标达到新探测器出厂时的指标。所以为了保证探测器能长期正常工作，将探测器送到专业清洗厂家定期进行彻底检修是十分必要的。

第二节　村镇常见的灭火设施及使用

一、灭火器类型、配置和使用方法

（一）灭火器的类型及使用方法

不同种类的灭火器适用于不同物质的火灾，其结构和使用方法也各不相同。灭火器的种类较多，按其移动方式可分为手提式和推车式；按驱动灭火剂的动力来源可分为储气瓶式和储压式；按所充装的灭火剂可分为水基型、干粉、二氧化碳灭火器、洁净气体灭火器等；按灭火类型可分为 A 类灭火器、B 类灭火器、C 类灭火器、D 类灭火器、E 类灭火器等。

1. 水基型灭火器

水基型灭火器是指内部充入的灭火剂是以水为基础的灭火器。一般由水、氟碳表面活性剂、碳氢表面活性剂、阻燃剂、稳定剂等多组分配合而成，以氮气（或二氧化碳）为驱动气体，是一种高效的灭火剂。常用的水基型灭火器有清水灭火器、水基型泡沫灭火器和水基型水雾灭火器三种。

（1）清水灭火器。

使用方法：将清水灭火器提至火场，在距离燃烧物 10m 处将灭火器直立放稳。摘下保险帽，用手掌拍击开启杆顶端的凸头，这时储气瓶的密封膜片被刺破，二氧化碳气体进入筒体内，迫使清水从喷嘴喷出。此时应立即一只手提起灭火器，另外一只手托住灭火器的底圈，将喷射的水流对准燃烧最猛烈处喷射。随着灭火器喷射距离的缩短，操作时应逐渐向燃烧物靠近，使水流始终喷射在燃烧处，直至将火扑灭。

清水灭火器的有效喷水时间为 1min 左右，所以当灭火器中的水喷出时，应迅速将灭火器提起，将水流对准燃烧最猛烈处喷射，同时，清水灭火器在使用中应始终与地面保持大致垂直状态，不能颠倒或横卧，否则会影响水流的喷出。

使用范围：主要用于扑救固体物质火灾，如木材、棉麻、纺织品等的初起火灾，但不适于扑救油类、电气、轻金属以及可燃气体火灾。

（2）水基型泡沫灭火器。

泡沫灭火器按空气泡沫原液与清水的混合先后，有预混型和分装型两种类型。预混型指空气泡沫原液与清水预先按比例混合后，一起装入灭火器内；分装型指空气泡沫原液与清水在灭火器内分别封装，在使用时两种液体才按比例混合。按照加压方式不同，泡沫灭火器分为储压式和储气瓶式。

使用方法：泡沫灭火器在使用时，应手提灭火器提把迅速赶到火场。在距离燃烧物 6m 左右，先拔出保险销，一手握住开启压把，另一手握住喷枪，紧握开启压把，将灭火器密封开启，空气泡沫即从喷枪喷出。泡沫喷出后，应对准燃烧最猛烈处喷射。

如果扑救的是可燃液体火灾，当可燃液体呈流淌状燃烧时，喷射的泡沫应由远而近地覆盖在燃烧物体上，当可燃液体在容器中燃烧时，应将泡沫喷射在容器的内壁上，使泡沫沿壁流入可燃物体表面而覆盖。应避免将泡沫直接喷射在可燃液体表面上，以防止射流的冲击力将可燃液体冲出容器而扩大燃烧范围，增大灭火难度。灭火时，随着喷射距离的减缩，使用者应逐渐向燃烧处靠近，并始终将泡沫喷射在燃烧物上，直至将火扑灭。在使用过程中，应始终双握开启压把不能松开，灭火器也不能倒置或横卧使用，否则会中断喷射。

使用范围：能扑灭可燃固体、液体的初起火灾，更多用于扑救石油及石油产品等非水溶性物质的火灾（抗溶性泡沫灭火器可用于扑救水溶性易燃、可燃液体火灾）。

（3）水基型水雾灭火器。

水基型水雾灭火器是我国2008年开始推广的新型水雾灭火器，其具有绿色环保（灭火后药剂可100%生物降解，不会对周围设备与空间造成污染）、高效阻燃、抗复燃性强、灭火速度快、渗透性强等特点，是之前其他同类型灭火器所无法相比的。该产品是一种高科技环保型灭火器，在水中添加少量的有机物或无机物可以改进水的流动性能、分散性能、润湿性能和附着性能等，进而提高水的灭火效率。它能在3s内将一般火势扑灭，不复燃，并且具有将近千度的高温瞬间降至30～40℃的功效。

使用范围：主要适合在具有可燃固体物质的场所，如商场、饭店、写字楼、学校、旅游场所、娱乐场所、纺织厂、橡胶厂、纸制品厂、煤矿厂甚至家庭等场所。

2. 干粉灭火器

干粉灭火器是利用氮气作为驱动动力，将筒内的干粉喷出灭火的灭火器。干粉灭火器内充装的是干粉灭火剂。干粉灭火剂是用于灭火的干燥且易于流动的微细粉末，由具有灭火效能的无机盐和少量的添加剂经干燥、粉碎、混合而成的微细固体粉末组成。它是一种在消防中得到广泛应用的灭火剂，且主要用于灭火器中。除扑救金属火灾的专用干粉化学灭火剂外，干粉灭火剂一般分为BC干粉灭火剂和ABC干粉灭火剂两大类。目前国内已经生产的产品有：磷酸铵盐、碳酸氢钠、氯化钠、氯化钾干粉灭火剂等。

使用方法：灭火时，可手提或者肩扛灭火器快速奔赴火场，在距离燃烧物 5m 左右，放下灭火器，室外应站在上风向喷射。若使用的是储气瓶式的，应一只手紧握喷枪，另一只手提起储气瓶上的开启提环，手轮式则应逆时针放下旋开至最高位置，随机提起灭火器。当干粉喷射出后，迅速对准火焰的根本扫射，并逐步推进直至将火焰扑灭。

使用范围：可燃固体、可燃液体、可燃气体、带电设备的初起火灾，精密仪器也可以用干粉灭火器，但影响后期使用精度甚至报废。

3. 二氧化碳灭火器

二氧化碳灭火器的容器内充装的是二氧化碳气体，靠自身的压力驱动喷出进行灭火。二氧化碳是一种不燃烧的惰性气体，它在灭火时具有两大作用：一是窒息作用，当把二氧化碳释放到灭火空间时，由于二氧化碳的迅速气化、稀释燃烧区的空气，使空气的氧气含量减少到低于维持物质燃烧时所需的极限含氧量时，物质就不会继续燃烧，从而熄灭。二是冷却作用，当二氧化碳从瓶中释放出来，由于液体迅速膨胀为气体，会产生冷却效果，致使部分二氧化碳瞬间转变为固态的干冰，干冰迅速气化的过程中要从周围环境中吸收大量的热量，从而达到灭火的效果。

使用方法：灭火时将灭火器提到或者扛到火场，在距离燃烧物 5m 左右，放下灭火器并拔出保险销，一只手握住喇叭筒根部的手柄，另一只手用力压下启闭阀的压把，对着火焰根部喷射，并不断推前直至把火焰扑灭。

使用范围：二氧化碳灭火器具有流动性好、喷射率高、不腐蚀容器和不易变质等优良性能，用来扑灭图书、档案、贵重设备、精密仪器、600V 以下电气设备及油类的初起火灾。

4. 洁净气体灭火器

洁净气体灭火器是将洁净气体（如 IG541、七氟丙烷、三氟甲烷等）灭火剂直接加压充装在容器中，其中 IG541 灭火剂的成分为 50% 的氮气、40% 的二氧化碳和 10% 的惰性气体。洁净气体灭火器对环境无害，在自然中存留期短，灭火效率高且低毒，适用于有工作人员常驻的防护区，是卤代烷灭火器在现阶段较为理想的替代产品。

使用方法：使用时灭火剂从灭火器中排出形成气雾状射流射向燃烧物，当灭火剂与火焰接触时发生一系列物理化学反应，使燃烧中断，达到灭火目的。

使用范围：洁净气体灭火器适用于扑救可燃液体、可燃气体和可融化的固体物质以及带电设备的初起火灾，可在图书馆、宾馆、档案室、商场、企事业单位，以及各种公共场所使用。

（二）灭火器的配置

1. 灭火器配置场所的危险等级

民用建筑灭火器配置场所的危险等级应根据其使用性质、人员密集程度、用电用火情况、可燃物数量、火灾蔓延速度、扑救难易程度等因素，划分为以下三级：

（1）严重危险级。使用性质重要，人员密集，用电用火多，可燃物多，起火后蔓延迅速，扑救困难，容易造成重大财产损失或人员群死群伤的场所。

（2）中危险级。使用性质较重要，人员较密集，用电用火较多，可燃物较多，起火后蔓延较迅速，扑救较难的场所。

（3）轻危险级。使用性质一般，人员不密集，用电用火较少，可燃物较少，起火后蔓延较缓慢，扑救较易的场所。

2. 灭火器的配置要求

灭火器的配置应遵循以下规定：

（1）灭火器不应设置在不易被发现和黑暗的地点，且不得影响安全疏散；

（2）对有视线障碍的灭火器设置点，应设置指示其位置的发光标志；

（3）灭火器的摆放应稳固，其铭牌应朝外；

（4）灭火器不应设置在潮湿或强腐蚀性的地点，当必须设置时，应有相应的保护措施，灭火器设置在室外时，亦应有相应的保护措施；

（5）灭火器不得设置在超出其使用温度范围的地点。

灭火器的选择应考虑下列因素：

（1）灭火器配置场所的火灾种类；

（2）灭火器配置场所的危险等级；

（3）灭火器的灭火效能和通用性；

（4）灭火剂对保护物品的污损程度；

（5）灭火器设置点的环境温度；

（6）使用灭火器人员的体能。

二、室外消火栓的使用和维护

室外消火栓是设置在建筑物外面消防给水管网上的供水设施，主要供消防车从市政给水管网或室外消防给水管网取水实施灭火，也可以直接连接水带、水枪出水灭火，是扑救火灾的重要消防设施之一。传统的室外消火栓有地上式消火栓、地下式消火栓。地上式在地上接水，操作方便，但易被碰撞，易受冻；地下式防冻效果好，但需要建较大的地下井室，且使用时消防队员要到井内接水，非常不方便。

（一）室外消火栓的使用方法

打开消火栓箱门，取出消防水带，向火点展开，铺设时应注意避免水带扭折，将水带靠近消火栓端与消火栓连接，连接时将连接扣准确插入槽，并按顺时针方向拧紧，另一端与消防水枪连接好，把消防栓开关用扳手逆时针旋开，水枪对准火源进行喷水灭火。地下式消火栓上盖着厚重的井盖板，打开时一般由两个人用铁质专用工具勾起井盖板，露出地下消火栓后再用加长的开关扳手深入地下，拧开阀门。火灾扑灭后要用扳手沿顺时针方向关闭消火栓后再整理其他器材。

注意事项：

（1）消防箱边上不要堆放任何物品。

（2）非火灾情况下，不要使用消火栓。

（3）火灾扑灭后要把水带晾干后复原。

（4）电气起火要确定切断电源后再扑灭火灾。

（5）对于地下式消火栓，冬季使用完后要记得关闭地下消火栓阀门，并将地下阀门至地上阀门之间管道内的水排尽。

（二）室外消火栓的维护

（1）室外消火栓作为管网附属设施之一，其管理应等同于其它设施管理，应建立专门的管理队伍，实行专门的管理。一旦发现消火栓失效应视同于管网抢爆进行及时处理。

（2）应拟定对消火栓的周期检修维护计划，实施定期的维护保养措施。定期检查消火栓各零件是否锈蚀、老化、丢失，用专用扳手转动消火栓启闭杆，观察是否灵活，必要时加润滑油。检查周围是否有影响使用的障碍物，地下式消火栓井盖板是否完好，开启是否正常；地上式消火栓栓体表面油漆是否脱落、锈蚀，进行油漆防腐，确保醒目。

（3）定期对消火栓进行排水操作检查，一方面确定消火栓是否启闭有效，水压水量是否符合正常范畴。另一方面在配水管网上也是通过消火栓排水确保管网水质。

（4）消火栓井同其它设施井一样，时常有可能被堆、挡、埋、压，除了要加强巡视以外，还应做好消防法规的宣传和指导。尤其是应与当地消防部门密切配合，并依靠消防部门的执法力度维护和管理好消防设施。

（5）消火栓作为供水管网设施之一，建立健全其档案资料是消火栓管理的关键，其档案资料应包括单卡图、维护记录、日常巡检记录等。有条件还应建立消火栓管理信息计算机系统，改进对消火栓管理的手段。

三、常见的灭火方法、自救逃生方法

（一）常见的灭火方法

1. 常见的灭火物质、灭火器材

水是家中最实用最简单的灭火剂，沙土、淋湿的棉被、麻袋能灭火，扫帚、拖把、衣服、锹、镐也可作为灭火工具，还有灭火毯、干粉灭火器、泡沫灭火器、二氧化碳灭火器等。

2. 家庭常用的灭火方法

发现家中起火，不要耽搁，要就地取材，及时扑灭。

（1）液化石油气因漏气着火，可将毛巾或抹布淋湿盖住着火点，同时迅速关闭阀门。

（2）如果油锅着火，千万不要用水扑救，更不能直接用手去端锅。应该迅速关闭炉灶燃气阀门，立即拿起锅盖盖上油锅或将切好的菜放入锅内，锅里的油隔绝了空气就会熄灭，然后将锅平稳端离炉火，待冷却后才能打开锅盖，切勿向油锅内倒水灭火。

（3）家用电器着火，要立即拉闸断电，或拔下插销，然后用毛毯或湿棉被捂盖。切记不要用水扑救，因为水能导电，容易造成触电伤人。

（4）家具、被褥等起火，一般用水灭火。用身边可盛水的物品，如脸盆等往火焰上泼水，也可把水管接到水龙头上喷水灭火，同时把燃烧点附近的易燃物泼湿降温。

（5）酒精着火，要用抗溶性泡沫或细沙来灭火，此外，还可以用湿麻袋、湿棉被等来灭火。要防范酒精类的火灾，应该特别注意不要使它们接近火源、热源和电源，如果存量很多，则应该用非燃烧材料遮盖，且要留出适当距离，还要严加看管、严禁烟火。在家庭中，酒精也不要靠近炉灶、暖气，严格说来，在酒柜上面放电视机也是不适宜的。

（二）常见的自救逃生方法

（1）第一时间打 119 报警，不要紧张，简要说清发生火灾地点，如哪个区、哪条路、哪个住宅区、第几栋楼、几层楼、烧什么东西，一定要稳定情绪，以免在慌乱中做出错误的判断或采取错误的行动，受到火势威胁时，要当机立断，披上浸湿的衣物、被褥等向安全出口方向冲出去，不要往阁楼、床底、大橱内钻。

（2）当发生火灾的楼层在自己所处的楼层之上时，应迅速向楼下跑，因为火是向上蔓延的。选择简便、安全的通道和疏散设施，离开房间首先应该用手背去接触房门，试一试房门是否已变热，如果是热的，门不能打开，否则烟和火就会冲进卧室。逃离房间以后，一定要随手关好身后的门，以防火势蔓延，减缓烟雾沿人们逃离的通道蔓延。

（3）准备简易防护器材，如用毛巾、口罩等捂住口鼻，燃烧时会散发出大量的烟雾和有毒气体，它们的蔓延速度是人奔跑速度的4~8倍，人们很容易被烟雾毒害窒息而死亡。所以当烟雾呛人时，要用湿毛巾、浸湿的衣服等捂住口、鼻并屏住呼吸，不要大声呼叫，以防止中毒。

（4）要充分利用建筑物本身的避难设施进行自救，如室内外疏散楼梯、救生滑梯、救生绳袋、缓降器等，自制简易救生绳索，如用被褥、衣服、床单等撕成条，拧成绳挂在牢固的窗台、床架，室内牢固物上，然后沿绳慢慢滑下。

（5）无法逃生时，可选择远离起火点，取水、呼救方便的地方作为避难场所等待救援，如浴室、卫生间等既无燃烧物又有水源的场所，要关闭所有通向火区的门窗，用浸湿的被褥、衣物等堵塞门窗缝，并泼水降温。同时，要积极向外寻找救援，用打手电筒、挥舞色彩明亮的衣物、呼叫等方式向窗外发送求救信号，以引起救援者的注意。

（6）火灾中电梯绝对不可以乘坐，如果在乘坐的过程中断电，那就等于是作茧自缚。电梯口通向大楼各层，火场上烟气涌入电梯通道极易形成烟囱效应，人在电梯里随时会被浓烟毒气熏呛而窒息。

（7）火灾时会产生大量浓烟，浓烟中应采取低姿势爬行。火灾中产生的浓烟由于热空气上升的作用，大量的浓烟将漂浮在上层，因此在火灾中离地面30公分以下的地方还应该有空气，因此浓烟中应尽量采取低姿势爬行，头部尽量贴近地面。在被烟气窒息失去自救能力时，应努力滚到墙边，便于消防人员寻找、营救，因为消防人员进入室内都是沿墙壁摸索行进。此外，滚到墙边也可以防止房屋塌落砸伤自己。

（8）不要为穿衣或寻找贵重衣物而浪费时间，没有任何东西值得以生命为代价冒险。

（9）切勿盲目跳楼，非跳即死的情况下跳楼时，要裹一些棉被、沙发垫等松软的物品，选择往楼下的车棚、草地、水池或树上跳，以减缓冲击力，然后用手扒住窗台或阳台，身体下垂，自然下滑，使双脚着落在柔软物上。不到万不得已时，一定要坚持等待消防队的救援。

（10）公众聚集场所消费娱乐也要时刻注意防范以确保自身安全，首先在进入这些场所时应注意观察并要尽量记住进出口位置、太平门位置、楼道、楼梯、紧急疏散口的方位及走向。一旦在公共场所遇到火灾，要听从现场工作人员指挥，不要慌乱拥挤，选择逃生路线时，要按照事先观察好的出口、楼梯、疏散通道等的位置，确定正确的逃生路线，同时在逃生过程中要注意防止跌倒挤伤。裹挟在人流中逃生时，可以用一只手放在胸前保护自己，用肩和背承受外部压力，用另一只手拿湿毛巾捂住口鼻，防止吸入有毒气体。如果身上衣服着火，应迅速将衣服脱下，就地滚动，将火扑灭，但应注意不要滚动过快，更不要身穿着火衣服跑动，如附近有水池、池塘等，可迅速跳入水中。

第三节 村镇电气防火管理措施

由于我国农村特有的分布广、数量大、经济相对落后的特点，农村地区的电气防火工作是不能一蹴而就的，需要大量的人力、物力、财力和时间的积累才能根除农村电气防火问题，所以以目前的条件下，只有从侧面来消除电气防火方面的隐患。

一、加强消防宣传，提高群众消防安全意识

坚持群防群治，加大宣传力度，依托地方电视台、广播或者新闻媒体定期播放消防宣传广告和以该地区典型农村火灾案例为题材

的警示教育片，提高消防意识，破除侥幸心理；依托小学、村委会等平台，定期组织消防知识讲堂，发放消防知识手册，进行消防教育，教会村民如何逃生、报警，同时利用资源，打造消防“墙头文化”；依托地方派出所力量对消防违规行为进行批评教育，警示他人；针对少数民族多，爱唱山歌的特点，可以用消防知识编写山歌，供村民传唱；每村发放锣鼓，供每天值班人员进行喊寨，提示村民注意用电用火安全。

二、切实将电气改造工作落在实处，尽快克服困难完成改造

需要让农村电气改造工作的资金和人员的投入跟上进度，将电气线路改造确切落实到各家各户。在调研中发现，各村寨电气改造已经开始进行，但基本都只完成了部分或一小部分，其中资金拨发缓慢、道路不畅、专业电气人员少等问题，成了农村地区电气线路改造迟迟不能进行的重要原因。电气线路问题已经成了农村火灾的高发原因，农户用电不规范、短路、过载、接触不良、漏电都是农村电气方面十分普遍的问题，这些问题其中一项就可能导致重大火灾的发生，但农村的户内往往是这些问题交叉存在，可见农村地区电气线路的火灾隐患是巨大的。在现有电气线路情况下做到安全用电，让农户懂得在家中何处具有重大的电线线路安全隐患是各级部门目前阶段急需解决的问题。

三、建立灵活有效的多方位管理机制，合理配置，强化网格化管理

建立以县政府、消防大队为指导，乡镇政府分管负责人及派出所民警为主要监督人，各村村干部为主要管理人员的三位一体的管理制度，按照三层管理级别，建立大、中、小三级网格管理。

建立以县政府、消防大队为主体的大网格，一方面，针对不同地区的不同实际情况制定各县城的农村消防工作指导手册，负责对下级网格移交的火灾隐患的查处、消防事故的预防与处置、义务消

防队的建设与管理、消防器材设施的购置及管理、出台硬性的规章制度，为下级网格的管理提供保障；另一方面，指导下级网格的消防工作，加强对乡镇分管干部及村干部和民警的消防业务素质的教育培训，提高对消防日常管理工作的重视度和熟练程度，下达一年的消防工作任务和目标，并对村干部和乡镇派出所民警的年终消防工作进行考评，实施奖惩。

建立以乡镇政府分管负责人及派出所民警为主体的中网格，服从上级网格的安排，依托“一村一警”的警务机制，管理下级网格。首先，负责对农村消防工作的监督检查，每个季度开展一次对50户以上的大村、重点村的防火安全检查，督促整改各类消防安全隐患，并逐步引导各村建立巡查、复查、整改的动态消防安全管理机制；其次，负责本乡镇的火场第一出动，发生火灾时，第一时间调动增援、赶赴现场组织力量扑救，减少财产损失；再次，督促完善各村消防基础设施建设，完成电改、水改、灶改的“三改”工作；最后，组织消防应急演练，加强对村民消防知识的宣传教育工作，全面提高公民消防安全意识和自防自救能力，深化广大村民对该项工作的认识，提高接受程度。

建立以各村村干部为主体的小网格作为网格化管理的基础和消防工作的具体实施者。以村干部为消防第一管理责任人及发生火灾时的火场第一负责人，组织现有力量进行扑救，同时，提高村寨防火巡查密度，制定消防隐患清单，组织农村联防人员和义务消防队人员进行定期排查，并建立档案记录。

四、整合资源，加强多种形式的消防队伍建设

从经费保障、人员招收、教育培训、管理制度、器材配备等方面加强农村多种形式的消防队伍建设，根据各乡镇农村数量、规模、分布情况、火灾扑救和应急救援需求情况，建立不同形式的义务消防队和消防联防组织。对于火灾任务较重、人口多、GDP值大的乡镇，建议建立政府专职消防队，普通乡镇可抽调适量派出所警力建立乡镇消防机动应急增援队，配备微型消防车、消防摩托等

适合山区作战的设备，保证在最短时间内形成有效的增援力量；建立消防管理巡防队，依托农村联防队员，在每村组建消防管理巡防队；在人员的招录上，可以动员辖区内退伍转业的本村镇消防官兵，使其消防专业知识和技能得以继续使用。对于义务消防队正规化建设，建议结合农村火灾的实际情况，按照消防部队比武考核的标准，每两年举办一次县城义务消防队比武，要求每村派一支代表队，进行乡赛、县赛，选拔优秀的队伍予以奖励，可以有效地提高义务消防队的业务和自身素质水平，同时也起到督促的作用，保证每个村都能组建义务消防队。

五、通过多种渠道提升村民自救能力

针对西南地区村寨点多面广、多位于边远山区、交通不便、消防力量薄弱的情况，应该做到：加强村民自身的演练，由村干部制定各村火灾应急预案交到县里备案，各村组织每年不少于一次的火灾疏散及扑救演练，提高村民的疏散能力、协作意识和村干部的应急指挥能力；建立健全邻村邻乡相互应急救援的机制，以3～4个临近的村寨为一个单位，形成火灾救助小组，建立火灾联动报警点，使邻村能及时收到火警信号增援。

第六章　村镇电气防火设计样图

村镇住宅电气设计说明

一、配电及照明系统

（1）农宅电源引入采用低压380/220V架空线引入，如条件好可采用埋地引入。

（2）接入农宅的公共低压配电系统采用TN－S接地系统。

（3）每户农宅设计量表，分散住户可设单户电表箱，成片农宅根据现场情况设集中电表箱，6～9户以下为宜。

（4）户内照明卧室及厅房设荧光灯，厨房设防潮灯，室外灯具设防水防尘灯。

（5）卫生间浴霸由专用回路供电，浴霸与开关之间预留SC20钢管。

二、电话电视系统

（1）每户农宅在卧室、书房及起居室各设一个电话插座，在卧室、书房预留一个网络插座。

（2）每户农宅在主卧室及起居室各设一个电视插座。

三、防雷及接地

（1）防雷：处于山区及半山坡的农宅设计按三类防雷建筑物进行设防。

（2）接地：基础地梁内的水平钢筋应可靠连接为一个整体并与主内筋焊通。

（3）采用等电位联结，总等电位板由紫铜板制成，应将建筑物内保护干线、设备进线总管、建筑物金属构件进行联结，总等电位联结采用 BV－1×25mm^{2}PC32，总等电位联结均采用各种型号的等电位卡子，不允许在金属管道上焊接。有洗浴设备的卫生间、淋浴间采用局部等电位联结，从适当的地方引出两根 ϕ116 结构钢筋至局部等电位箱 LEB，局部等电位箱安装底距地 0.3m。将卫生间内所有金属管道、构件联结，卫生间内插座 PE 线应与局部等电位箱联结。具体做法参考国家建筑设计标准《等电位联结安装》15D502。

（4）弱电信号引入端设过电保护装置。

四、其他

（1）照明回路导线规格及敷设方式见相应配电箱系统图，所有的插座回路均为三根线。平面图照明灯具连线根数与管径对应关系为：2～3 根穿 SC15 管，4～5 根穿 SC20 管。

（2）有线电视同轴电缆 SYWV－75－5 穿管管径选择：1 根穿 SC15 管，电话电缆 RVS－2×0.5 穿管管径选择：1～2 根穿 SC15 管。

（3）线路及导线敷设方式的文字符号：WC—暗敷在墙内；CC—暗敷在顶板内；FC—地面下敷设。

（4）灯具安装方式的文字符号：S—吸顶式；W—壁装式。

图 例

序号	图例	名称	型号及规格	备注(距地)
1		照明配电箱		明装底边距地 1.2m
2	LEB	局部等电位联结端子板		底边距地 0.3m
3	MEB	总等电位联结端子板		底边距地 0.3m
4		单相三极两极暗装安全型插座	~250V,10A	底边距地 0.3m
5	W	二.三极卫生间盥洗台防溅插座	~250V,10A	底边距地 1.2m
6	K	空调插座	~250V,10A	底边距地 1.8m
7	R	热水器电源插座	~250V,10A	顶板下 200MM
8	X	洗衣机防溅插座	~250V,10A	底边距地 1.8m
9	Y	抽油烟机插座	~250V,10A	底边距地 2.2m
10	C	厨房防溅插座	~250V,25A	底边距地 0.3m
11	B	冰箱插座	~250V,10A	底边距地 1.8m
12	C1	电热煲防溅插座	~250V,10A	底边距地 0.5m
13	K1	空调插座	~250V,25A	底边距地 0.3m
14	CK1	车库顶棚预留插座	~250V,10A	吸顶安装
15		单联单控暗开关	~250V,10A	底边距地 1.3m
16		双联单控暗开关	~250V,10A	底边距地 1.3m
17		单联双控暗开关	~250V,10A	底边距地 1.3m
18	⊗	灯具(选型甲方确定) (节能型)	~220V,1X11W	吸顶安装或为装修电源灯具接口
19		防潮灯 (节能型)	~220V,1X11W	吸顶安装或吊顶位置为嵌入式
20		排风扇		位置详见暖通图纸
21		壁灯 (节能型)	~220V,1X11W	底边距地 2.5m
22	TV	电视信号插座		0.3
23	TO TP	语音.数据双孔插座		0.3
24	VH	电视信号前端箱		明装 1.2
25	MDF	主配线架		箱体内安装

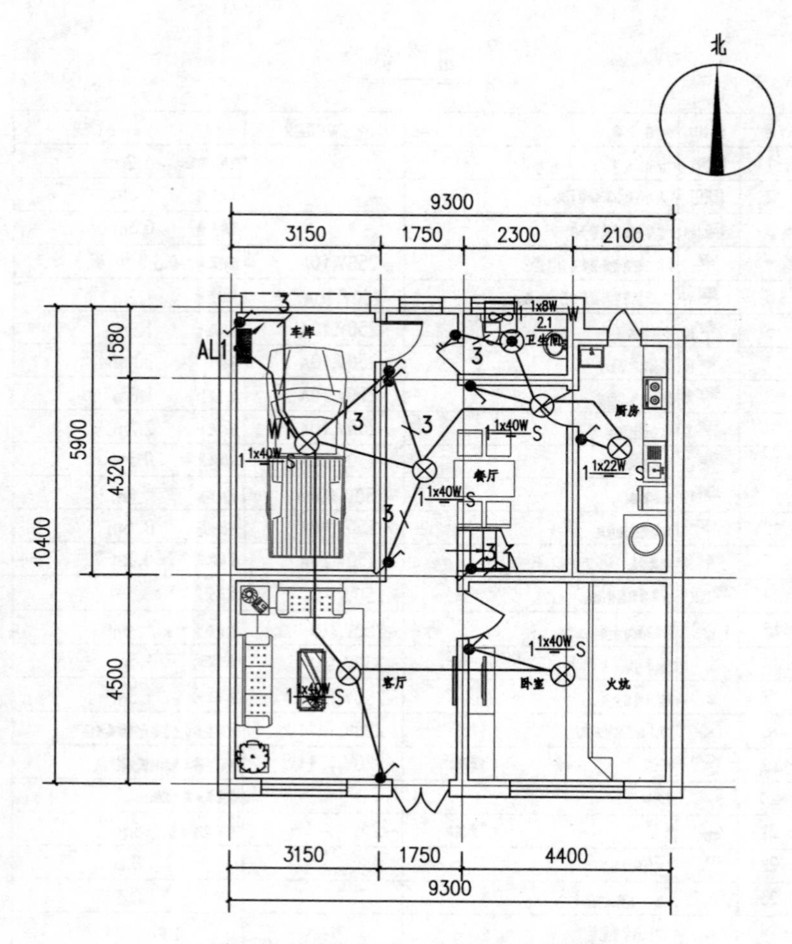

华北地区住宅一层照明平面图

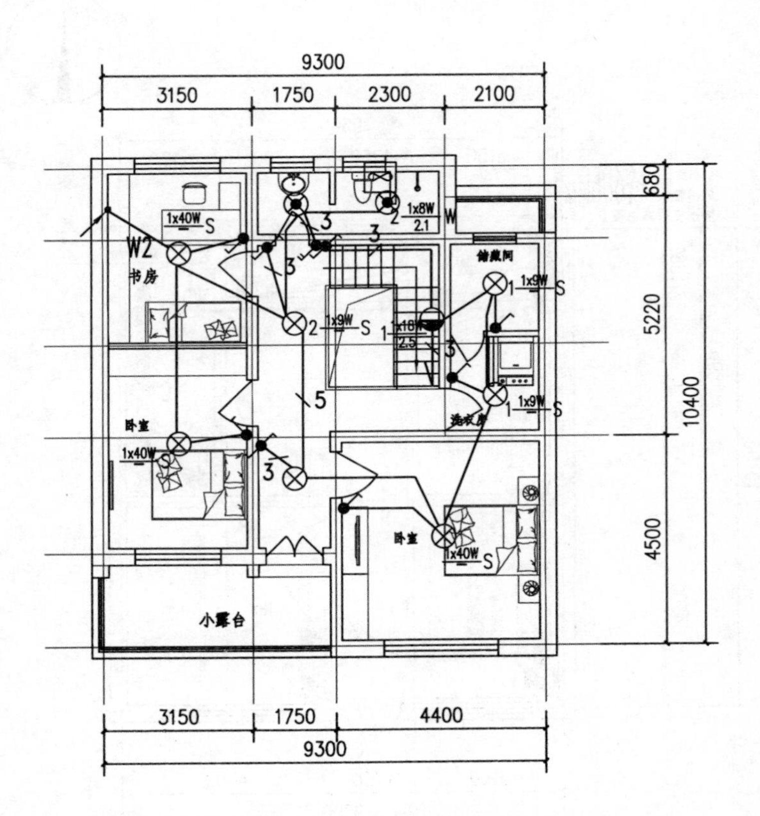

华北地区住宅二层照明平面图

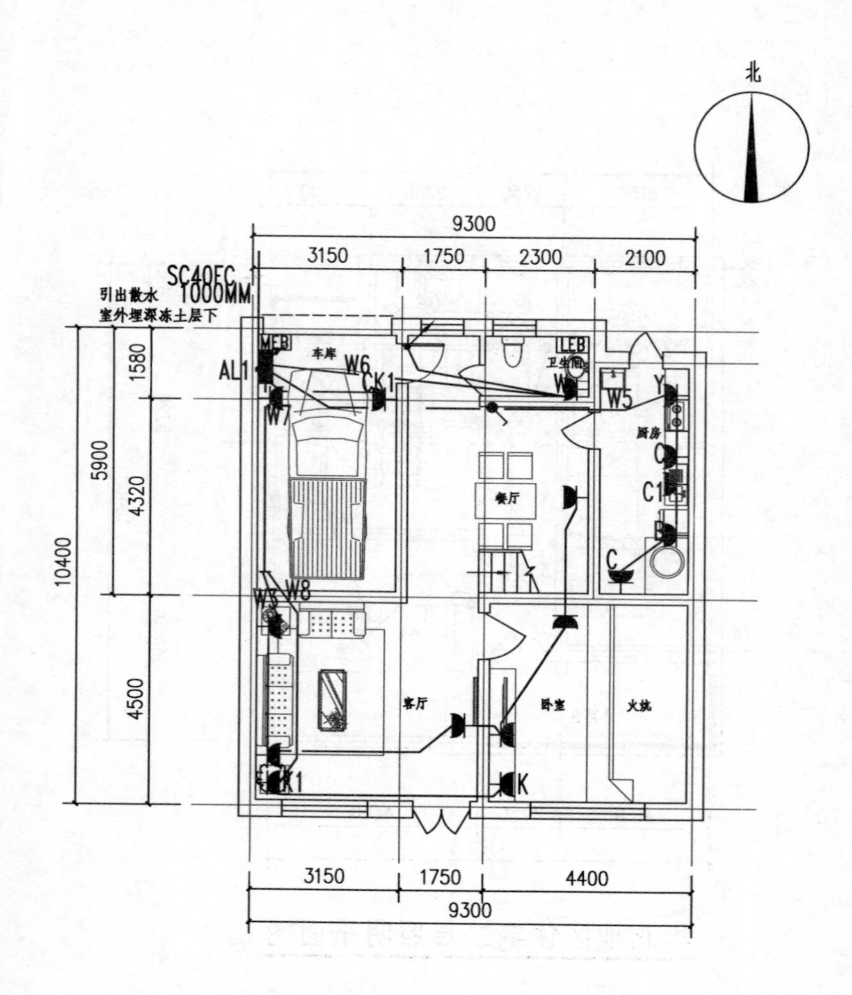

华北地区住宅一层强电平面图

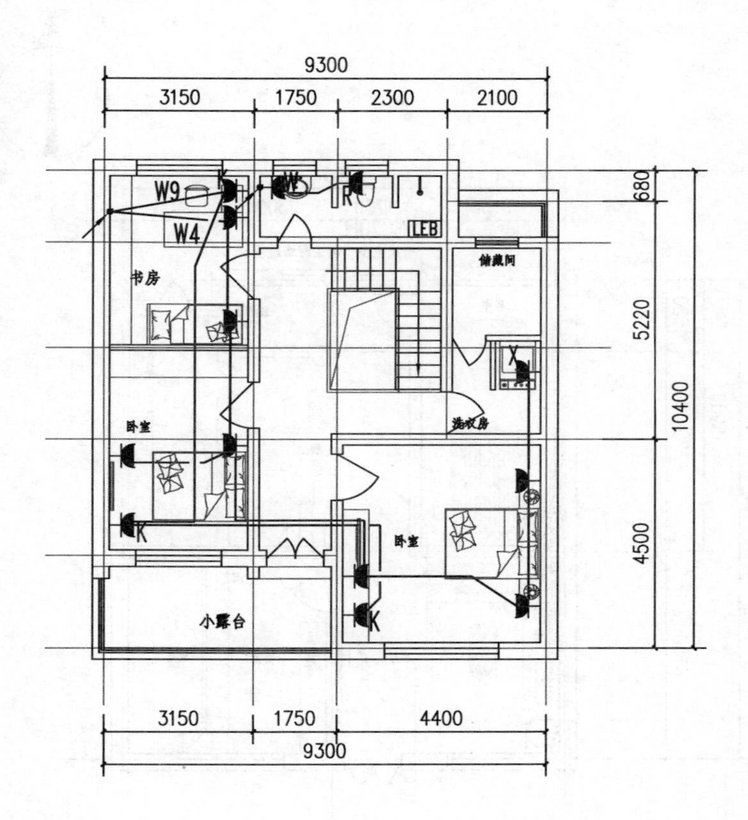

华北地区住宅二层强电平面图

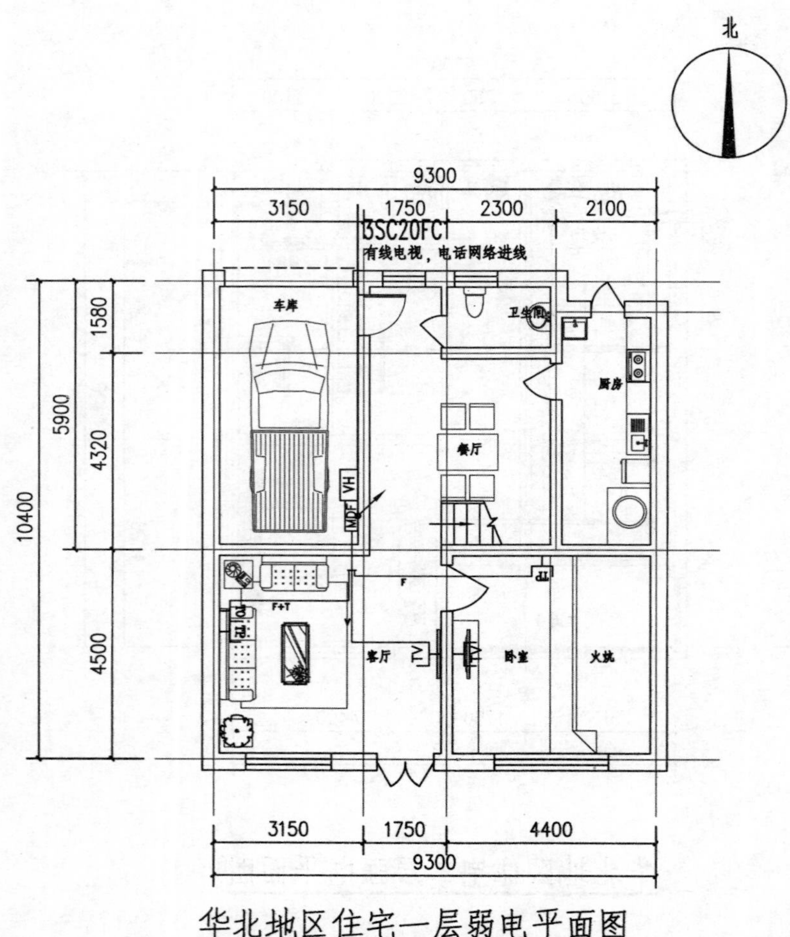

华北地区住宅一层弱电平面图

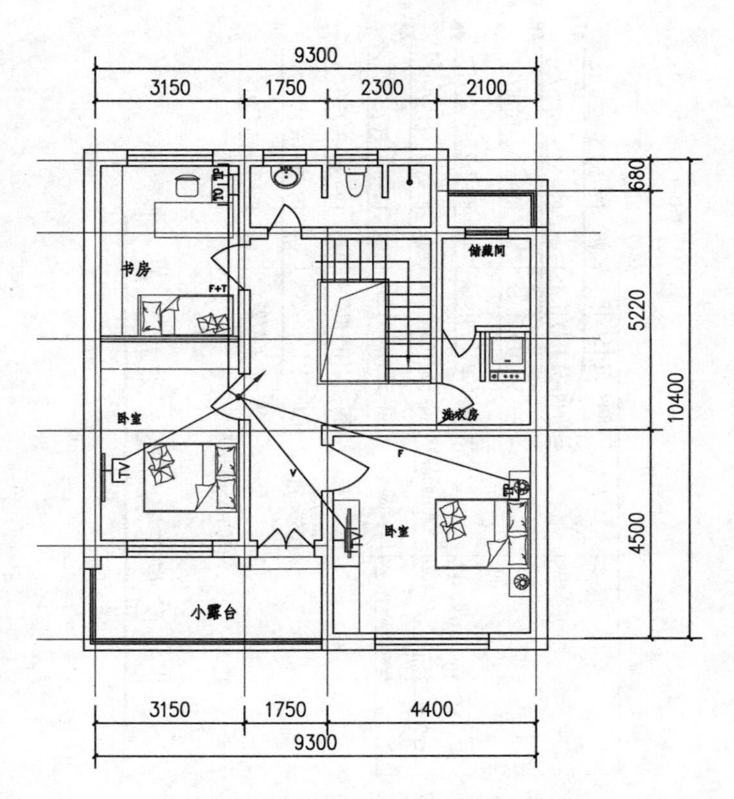

华北地区住宅二层弱电平面图

YJV22-3x16-SC40/FC
室外进线
BMG-63
63A/2P
10(40)A
wh
BM-63
40A/2P
AL1
8KW
BMG-63A/2P
Pe=8kW
Kx=1
Pjs=8kW
Ijs=37A
COSø=0.9
(600Wx800Hx180D)
220VAC L1,N,PE

BMN-32 16A/1P W1 BV-3x2.5-PC20/CC 照明
BMN-32 16A/1P W2 BV-3x2.5-PC20/CC 照明
BM-50L(1P+N) 16A W3 BV-3x2.5-PC20/FC 插座
BM-50L(1P+N) 16A W4 BV-3x2.5-PC20/FC 插座
BM-50L(1P+N) 20A W5 BV-3x4-PC25/FC 厨房插座
BM-50L(1P+N) 20A W6 BV-3x4-PC25/FC 卫生间插座
BM-50L(1P+N) 20A W7 BV-3x4-PC25/FC 车库插座
BM-50L(1P+N) 20A W8 BV-3x4-PC25/FC 空调
BMN-32 20A/2P W9 BV-3x4-PC25/FC 空调

华北地区户箱系统图（非标） AL-1

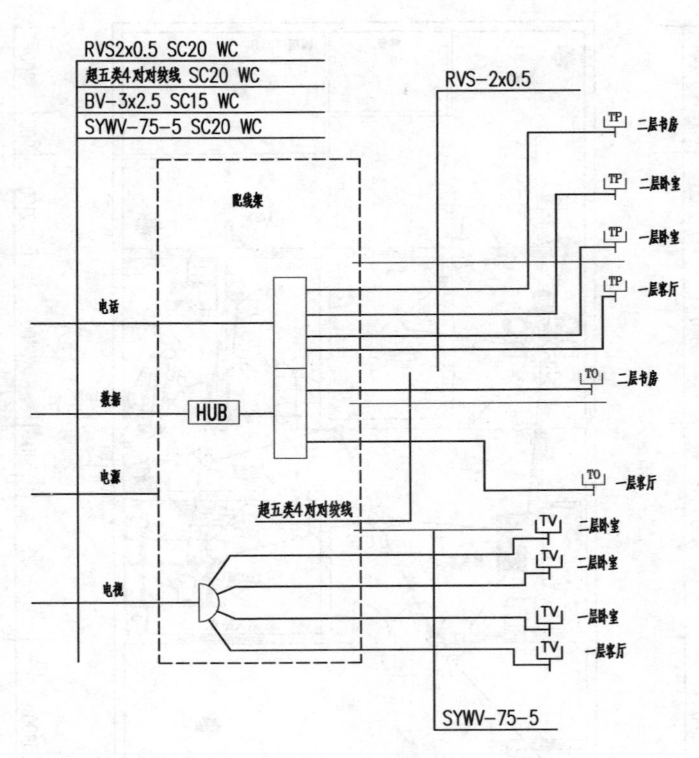

华北地区户内弱电箱接线图（非标） DD

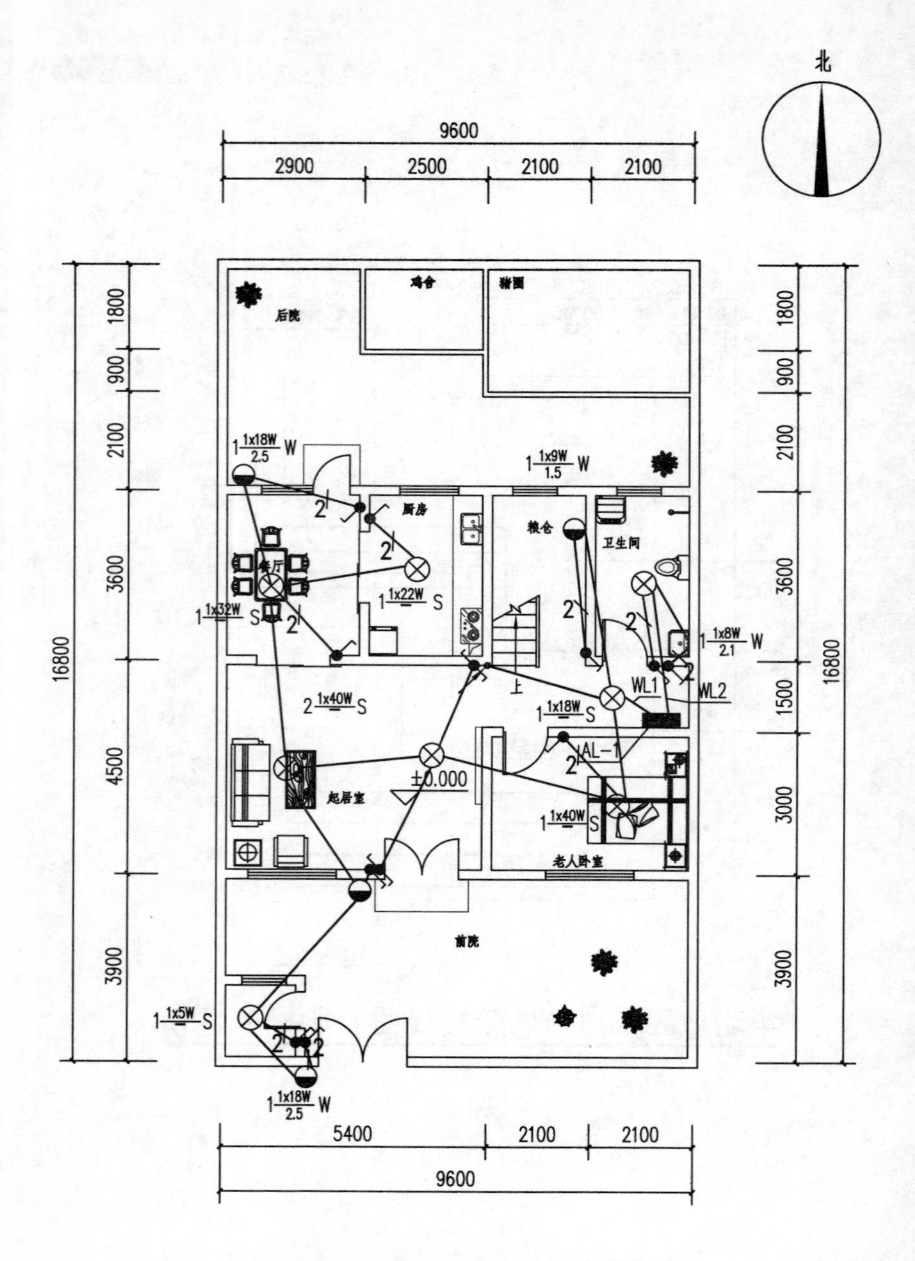

西北地区住宅一层照明平面图

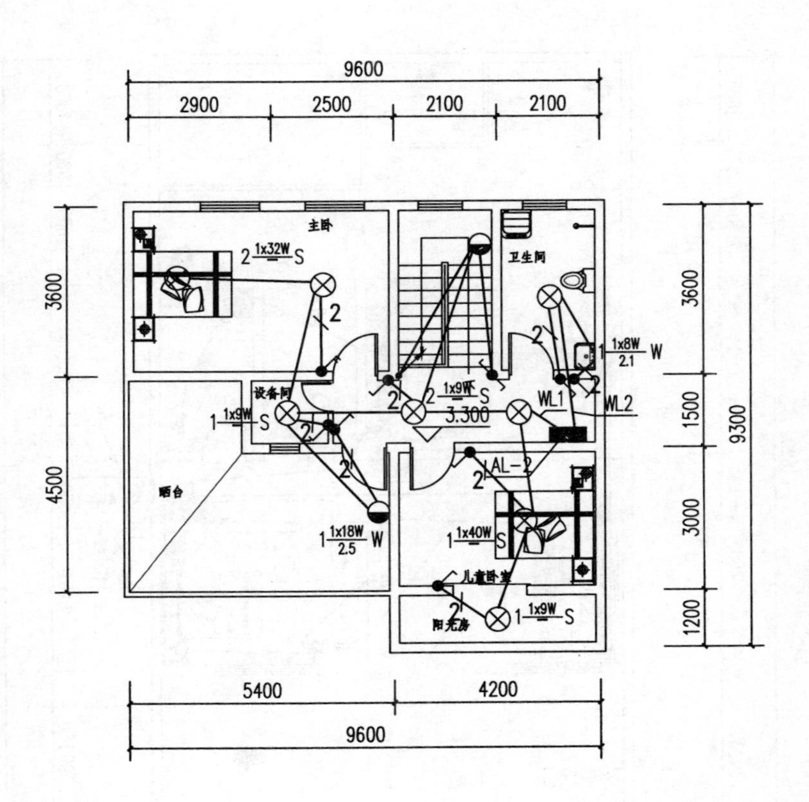

西北地区住宅二层照明平面图

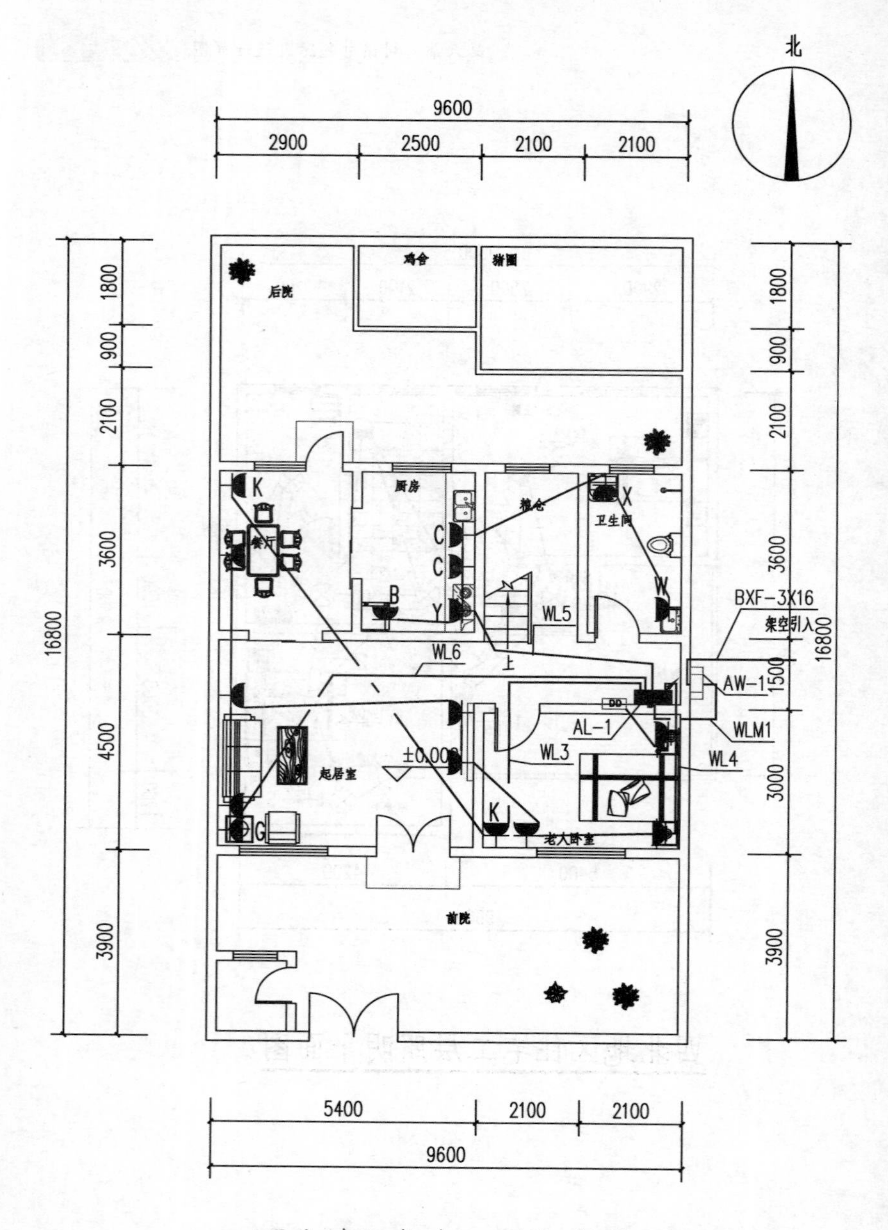

西北地区住宅一层电力平面图

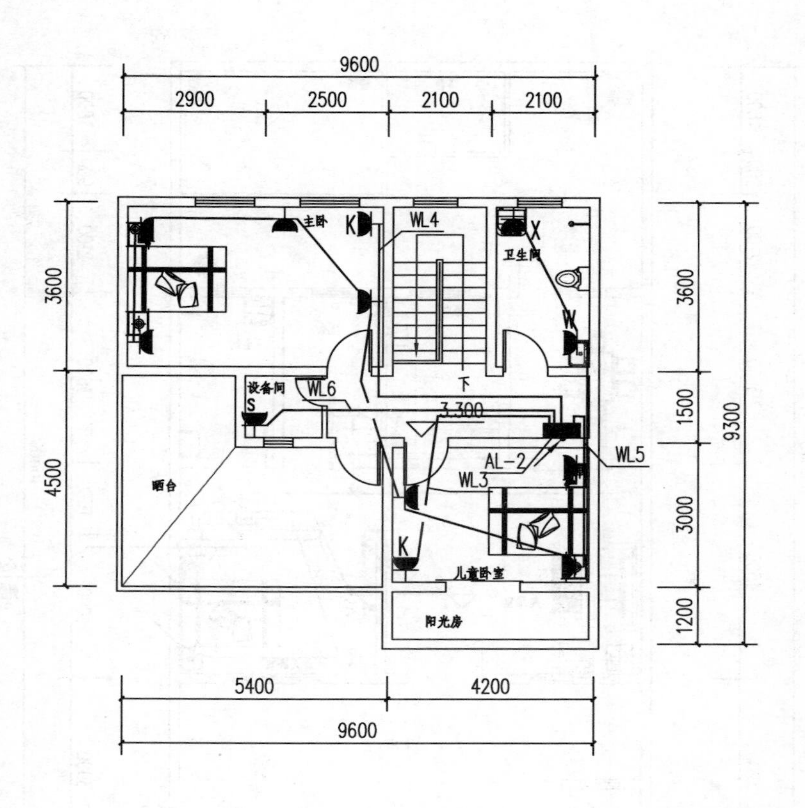

西北地区住宅二层电力平面图

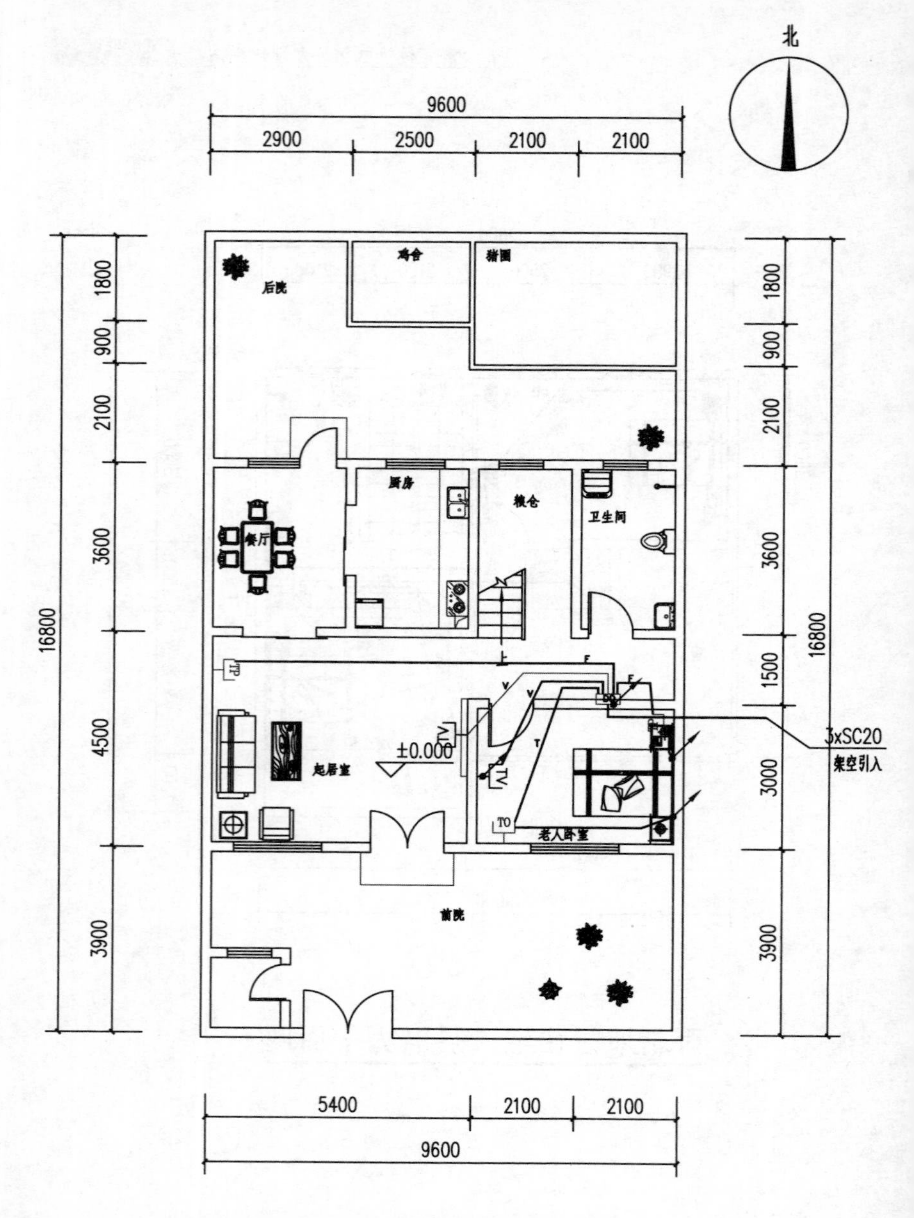

西北地区住宅一层弱电平面图

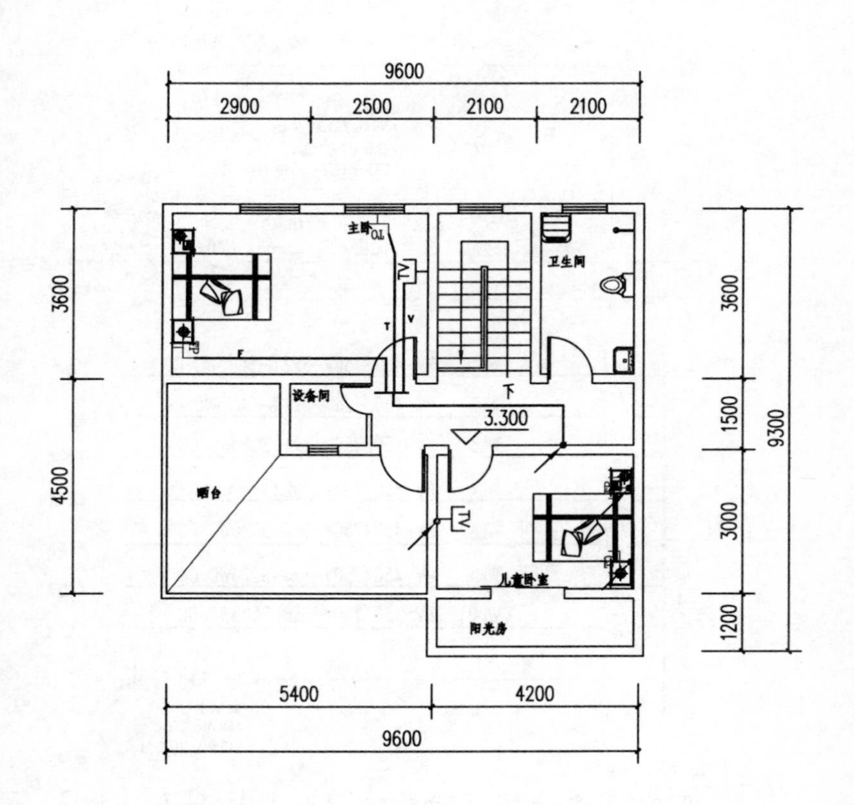

西北地区住宅二层弱电平面图

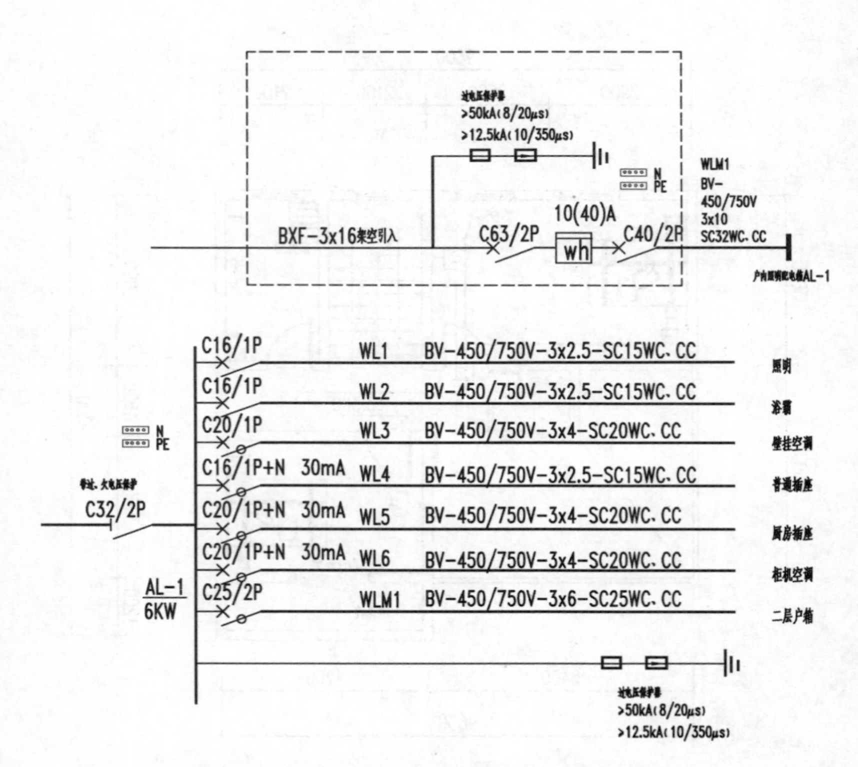

西北地区一层户箱系统图（非标） AL-1

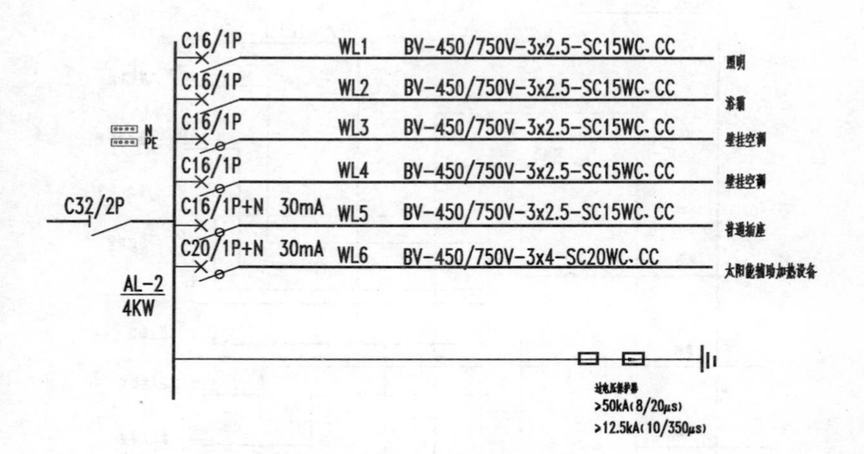

西北地区二层户箱系统图（非标）AL-2

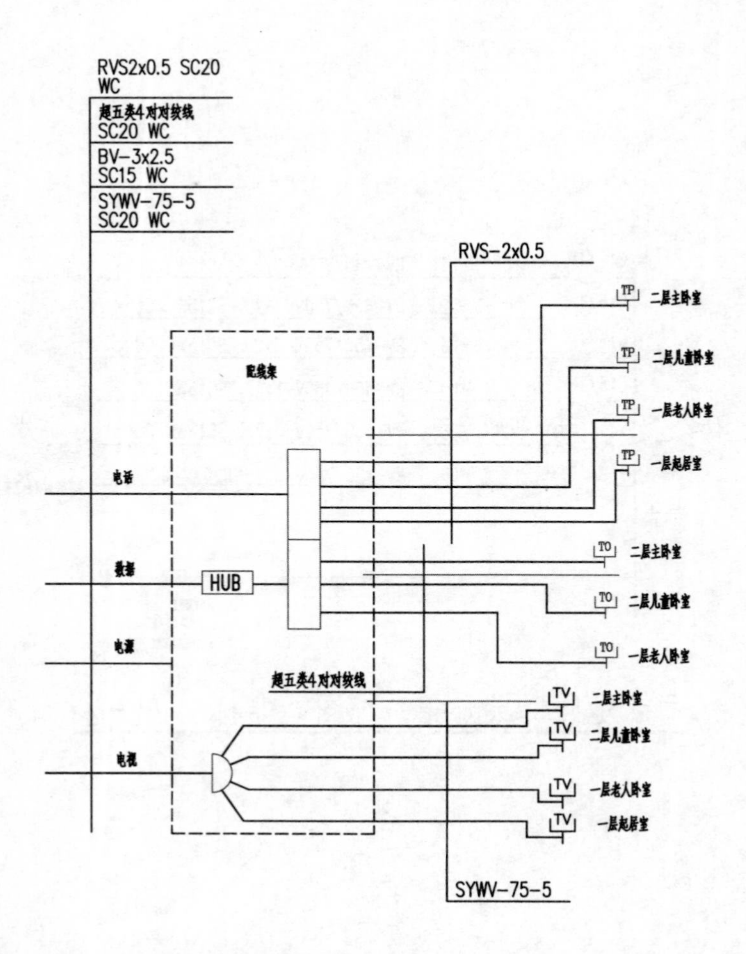

西北地区户内弱电箱接线图（非标） DD